T0206393

Wissenschaftliche Reihe Fahrzeugtechnik Universität Stuttgart

Das Institut für Verbrennungsmotoren und Kraftfahrwesen (IVK) an der Universität Stuttgart erforscht, entwickelt, appliziert und erprobt, in enger Zusammenarbeit mit der Industrie, Elemente bzw. Technologien aus dem Bereich moderner Fahrzeugkonzepte. Das Institut gliedert sich in die drei Bereiche Kraftfahrwesen, Fahrzeugantriebe und Kraftfahrzeug-Mechatronik. Aufgabe dieser Bereiche ist die Ausarbeitung des Themengebietes im Prüfstandsbetrieb, in Theorie und Simulation. Schwerpunkte des Kraftfahrwesens sind hierbei die Aerodynamik, Akustik (NVH), Fahrdynamik und Fahrermodellierung, Leichtbau, Sicherheit, Kraftübertragung sowie Energie und Thermomanagement – auch in Verbindung mit hybriden und batterieelektrischen Fahrzeugkonzepten. Der Bereich Fahrzeugantriebe widmet sich den Themen Brennverfahrensentwicklung einschließlich Regelungs- und Steuerungskonzeptionen bei zugleich minimierten Emissionen, komplexe Abgasnachbehandlung, Aufladesysteme und -strategien, Hybridsysteme und Betriebsstrategien sowie mechanisch-akustischen Fragestellungen. Themen der Kraftfahrzeug-Mechatronik sind die Antriebsstrangregelung/Hybride, Elektromobilität, Bordnetz und Energiemanagement, Funktions- und Softwareentwicklung sowie Test und Diagnose. Die Erfüllung dieser Aufgaben wird prüfstandsseitig neben vielem anderen unterstützt durch 19 Motorenprüfstände, zwei Rollenprüfstände, einen 1:1-Fahrsimulator, einen Antriebsstrangprüfstand, einen Thermowindkanal sowie einen 1:1-Aeroakustikwindkanal. Die wissenschaftliche Reihe „Fahrzeugtechnik Universität Stuttgart" präsentiert über die am Institut entstandenen Promotionen die hervorragenden Arbeitsergebnisse der Forschungstätigkeiten am IVK.

Reihe herausgegeben von

Prof. Dr.-Ing. Michael Bargende
Lehrstuhl Fahrzeugantriebe
Institut für Verbrennungsmotoren und Kraftfahrwesen, Universität Stuttgart
Stuttgart, Deutschland

Prof. Dr.-Ing. Jochen Wiedemann
Lehrstuhl Kraftfahrwesen
Institut für Verbrennungsmotoren und Kraftfahrwesen, Universität Stuttgart
Stuttgart, Deutschland

Prof. Dr.-Ing. Hans-Christian Reuss
Lehrstuhl Kraftfahrzeugmechatronik
Institut für Verbrennungsmotoren und Kraftfahrwesen, Universität Stuttgart
Stuttgart, Deutschland

Weitere Bände in der Reihe http://www.springer.com/series/13535

Frank Brosi

Methode zur Erzeugung eines erweiterten Konformitätstests für Kommunikations-protokolle am Beispiel der ISO 15118

Frank Brosi
IVK, Fakultät 7, Lehrstuhl für
Kraftfahrzeugmechatronik
Universität Stuttgart
Stuttgart, Deutschland

Zugl.: Dissertation Universität Stuttgart, 2019

D93

ISSN 2567-0042 ISSN 2567-0352 (electronic)
Wissenschaftliche Reihe Fahrzeugtechnik Universität Stuttgart
ISBN 978-3-658-27532-7 ISBN 978-3-658-27533-4 (eBook)
https://doi.org/10.1007/978-3-658-27533-4

Die Deutsche Nationalbibliothek verzeichnet diese Publikation in der Deutschen Nationalbibliografie; detaillierte bibliografische Daten sind im Internet über http://dnb.d-nb.de abrufbar.

Springer Vieweg

Springer Vieweg ist ein Imprint der eingetragenen Gesellschaft Springer Fachmedien Wiesbaden GmbH und ist ein Teil von Springer Nature.
Die Anschrift der Gesellschaft ist: Abraham-Lincoln-Str. 46, 65189 Wiesbaden, Germany

Vorwort

Die vorliegende Arbeit entstand während meiner Tätigkeit als wissenschaftlicher Mitarbeiter am Forschungsinstitut für Kraftfahrwesen und Fahrzeugmotoren Stuttgart (FKFS). Mein besonderer Dank gilt Herrn Prof. Dr.-Ing. Hans-Christian Reuss für die Förderung und Betreuung meiner Arbeit, er ist Leiter des Lehrstuhls Kraftfahrzeugmechatronik des Institus für Verbrennungsmotoren und Kraftfahrwesen (IVK) der Universität Stuttgart. Ebenso gilt mein Dank Herrn Prof. Dr.-Ing. Bernard Bäker Leiter des Lehrstuhls Fahrzeugmechatronik des Institus für Automobiltechnik Dresden (IAD) der Technischen Universität Dresden für die freundliche Übernahme des Mitberichts.

Wesentliche Grundlagen dieser Arbeit entstanden im Rahmen einer Kooperation zwischen der Vector Informatik GmbH und dem FKFS. Mein Dank gilt an dieser Stelle Herrn Litschel und Herrn Dr.-Ing. Schelling für die Möglichkeit der Zusammenarbeit. Stellvertretend für die Kollegen bei Vector, die mich fachlich, durch konstruktive und hilfreiche Diskussionen, unterstützt haben, möchte ich die Herren Fabian Eisele, Patrick Sommer, Johannes Unser, Jan Großmann und Dirk Großmann erwähnen. Einige vertiefende Untersuchungen konnte ich im Rahmen des vom Bundesministerium für Wirtschaft und Energie geförderten Projekts DELTA (Datensicherheit und –integrität in der Elektromobilität beim Laden und eichrechtkonformen Abrechnen) tätigen. Als Ergebnis dieser Untersuchungen entstanden einige der zentralen Konzepte der Testdaten-Datenbank.

Meinen Kolleginnen und Kollegen am IVK und am FKFS möchte ich für die zahlreichen Diskussionen, die gegenseitige Unterstützung sowie die großartige Arbeitsatmosphäre danken. Dies hat wesentlich zum Gelingen dieser Arbeit beigetragen. Bei Herrn Max Beer möchte ich mich für den Aufbau der Hardware des Testsystems, insbesondere für das mühevolle Verlegen der Kabel bedanken. An dieser Stelle danke ich auch Dr.-Ing. Dominique Kiefner für die Unterstützung bei der Anpassungen von TeSAm und die fachliche Beratung. Ein herzlicher Dank geht an Dr.-Ing. Daniel Kuncz und Dr.-Ing. Ulrike Weinrich für die Durchsicht der Arbeit und die hilfreichen Anregungen. Zuletzt möchte ich mich bei meiner Familie für die Unterstützung und den großen emotionalen Rückhalt bedanken.

Frank Brosi

Inhaltsverzeichnis

Abbildungsverzeichnis

Tabellenverzeichnis

Abkürzungen

AC	**A**lternating **C**urrent
AVLN	**AV** **L**ogical **N**etwork
BEV	**B**attery **E**lectric **V**ehicle
CAN	**C**ontroller **A**rea **N**etwork
CCS	**C**ombined **C**harging **S**ystem
COMPL_eT_e	**COM**munication **P**rotocol va**L**idation **T**oolchain
CP	**C**ontrol **P**ilot
DC	**D**irect **C**urrent
DHCP	**D**ynamic **H**ost **C**onfiguration **P**rotocol
DIN	**D**eutsches **I**nstitut für **N**ormung
ECU	**E**lectronic **C**ontrol **U**nit
EIM	**E**xternal **I**dentification **M**eans
EM	**E**nergie**m**esser
ETSI	**E**uropean **T**elecommunication **S**tandards **I**nstitute
EV	**E**lectric **V**ehicle
EVCC	**E**lectric **V**ehicle **C**ommunication **C**ontroller
EVSE	**E**lectric **V**ehicle **S**upply **E**quipment
EXI	**E**fficient e**X**tensible **I**nterchange
FMEA	**F**ehler**m**öglichkeits- und **e**influss**a**nalyse
IEC	**I**nternational **E**lectrotechnical **C**ommission
IEEE	**I**nstitute of **E**lectrical and **E**lectronics **E**ngineers
IETF	**I**nternet **E**ngineering **T**ask **F**orce
IMD	**I**nsulation **M**onitoring **D**evice, Isolationsüberwachungsgerät
IP / IPv6	**I**nternet **P**rotocol / **I**nternet **P**rotocol Version 6
IPsec	**I**nternet **P**rotocol **S**ecurity
ISO	**I**nternational **O**rganization for **S**tandardization
IUT	**I**mplementation **U**nder **T**est
JSON	**J**ava**S**cript **O**bject **N**otation
LM	**L**eistungs**m**esser
MAC	**M**edia **A**ccess **C**ontrol

MC/DC	**M**odified **C**ondition / **D**ecision **C**overage
NID	**N**etwork **Id**entity
OCPP	**O**pen **C**harge **P**oint **P**rotocol
OSI	**O**pen **S**ystems **I**nterconnection
PCO	**P**oint of **C**ontrol and **O**bservation
PE	**P**rotective **E**arth
PICS	**P**rotocol **I**mplementation **C**onformance **S**tatement
PLC	**P**ower **L**ine **C**ommunication
PnC	**P**lug **an**d **C**harge
PP	**P**roximity **P**in
PWM	**P**uls**w**eiten**m**odulation
RFC	**R**equests **f**or **C**omments
RFID	**R**adio-**F**requency **Id**entification
SA	**S**econdary **A**ctor
SAE	**S**ociety of **A**utomotive **E**ngineers
SDP	**S**ECC **D**iscovery **P**rotocol
SECC	**S**upply **E**quipment **C**ommunication **C**ontroller
SLAAC	**S**tate**l**ess **A**uto **A**ddress **C**onfiguration
SLAC	**S**ignal-**L**evel-**A**ttenuation-**C**haracterization
SOC	**S**tate **o**f **C**harge
SuT	**S**ystem **u**nder **T**est
SW	**S**oft**w**are
TCP	**T**ransmission **C**ontrol **P**rotocol
TLS	**T**ransport **L**ayer **S**ecurity
TTCN-3	**T**esting and **T**est **C**ontrol **N**otation Version 3
UDP	**U**ser **D**atagram **P**rotocol
UML	**U**nified **M**odeling **L**anguage
V2G	**V**ehicle **to** **G**rid (communication)
V2G CI	**V2G** **C**ommunication **I**nterface
V2GTP	**V2G** **T**ransfer **P**rotocol
VDE	Verband der Elektrotechnik Elektronik Informationstechnik e.V.
WPT	**W**ireless **P**ower **T**ransfer
XML	e**X**tensible **M**arkup **L**anguage
XSD	**X**ML **S**chema **D**efinition

Kurzfassung

Die Einführung der ISO 15118 als Kommunikationsprotokoll zwischen Elektrofahrzeugen und Ladepunkten wirft die Frage der Konformitäts- und Interoperabilitätsprüfung für dieses Protokoll auf. Die folgende Arbeit stellt eine neuartige Methode zur Ermittlung eines erweiterten Konformitätstests vor. Diese Methode ist geeignet die Konformitätsprüfung um Aspekte der Robustheit und der Interoperabilität zu erweitern. Das Protokoll wird dazu in Abstraktionsebenen unterteilt und auf jeder Ebene bezüglich potenzieller Fehler analysiert. Das Ergebnis dieser Analyse wird anschließend zur Ableitung und Auswahl geeigneter Stimuli für den erweiterten Konformitätstest genutzt. Zur Erzeugung von Testsequenzen wird ein modellbasierter Ansatz verwendet. Dieser unterscheidet sich von bisherigen Ansätzen darin, dass nicht das Modell zur Bestimmung der Negativtests herangezogen wird, sondern die Negativtests mit neu entwickelten Algorithmen automatisiert in das Modell integriert werden. Das sich ergebende Gesamtmodell ermöglicht eine Überprüfung der Ergebnisse der Algorithmen sowie des Testumfanges. Als Basis für die automatische Modellierung nutzen die Algorithmen ein Gut-Fall-Modell des Protokolls, in welches die Stimuli eingefügt werden. Das entstandene Modell wird im Anschluss in Testsequenzen für eine Testablaufsteuerung übersetzt. Diese generierten Testsequenzen kommen auf einem ebenfalls in dieser Arbeit vorgestellten Testsystem zur Ausführung. Die abschließend aufgezeigten Testergebnisse dieses Testsystems weisen die praktische Anwendbarkeit des Vorgehens nach.

Abstract

Introducing the ISO 15118 as a communication protocol between electric vehicles and charge points raises the question of testing the conformity and interoperability of this protocol. The work in this thesis presents a new systematic method for determining an extended conformance test. This method is suitable for extending the conformity check with aspects of robustness and interoperability. The protocol is divided into abstraction levels which are analyzed at each level for potential errors. The results of the analysis are then used to derive and select appropriate stimuli for the extended conformance test. A model-based approach is used in this method to generate the test sequences. This differs from previous approaches in which the model is used to determine the provocation with negative-tests. The resulting overall model allows a review of the results of the algorithms and the scope of the test. These test-cases are integrated automatically into the model using newly developed algorithms. The tests with the stimuli are thus modeled automatically by inserting the selected test stimuli from the algorithms into a base model of the protocol. The resulting model is then translated into test-sequences for the selected test procedure software. The generated test-sequences, which are used in the test bed, are also presented in this thesis. Finally some test results of this test system are described, they demonstrate the applicability of the complete procedure

1 Einleitung

Für den Erfolg der Elektromobilität muss sichergestellt sein, dass die Elektrofahrzeuge sicher, zuverlässig und komfortabel laden. Bei Fahrten über Land sind die Schnellladestationen, die Fahrzeuge mit Gleichstrom laden, ein wichtiger Baustein für die Akzeptanz. Mit einer erhöhten Verbreitung der Fahrzeuge ist auch mit potenziellen Einschränkungen der Leistungsversorgung über das Stromnetz zu rechnen. Diesen Einschränkungen muss über ein geeignetes Lastmanagement entgegengewirkt werden. Zur Bewältigung dieser Herausforderungen der Elektromobilität wird die Kommunikationsnorm ISO 15118 entwickelt.

Zwar gibt es mit der Basiskommunikation nach IEC 61851 eine rudimentäre Kommunikationsverbindung zwischen Fahrzeug und Ladepunkt, jedoch sind hierüber die Steuermechanismen des Ladevorgangs stark eingeschränkt. Es kann beim Laden von Wechselstrom nur die maximale Stromstärke vom Ladepunkt vorgegeben werden. Das Laden von Gleichstrom ist über dieses Kommunikationsprotokoll, aufgrund der fehlenden Möglichkeit Sollwerte an den Ladepunkt zu übermitteln, nicht möglich. Die ISO 15118 bietet hier deutlich mehr Möglichkeiten. Bei der Kommunikation nach ISO 15118 ist es möglich, ein Lastprofil zwischen Fahrzeug und Ladestation auszuhandeln und so die Rückwirkungen des Ladens auf das Netz zu minimieren. Die Lastprofile sind ebenfalls geeignet bei Eigenheimen den Eigenverbrauch von Strom aus Solaranlagen oder Blockheizkraftwerken zu erhöhen. Ebenso ist die Möglichkeit des Bezahlens eines Ladevorgangs ohne Interaktion des Fahrers über die Kommunikationsnorm gegeben, dies stellt einen hohen Komfortgewinn für den Fahrer dar. Für den Abrechnungsvorgang wird das Fahrzeug eindeutig über kryptografische Zertifikate an der Ladesäule identifiziert. Eine automatisierte Abrechnung bietet aber auch für den Ladesäulenbetreiber Vorteile, zum Beispiel entfällt die Ausgabe und Verwaltung von Kundenkarten. Darüber hinaus kann die installierte Technik kostengünstiger gestaltet werden, zum Beispiel durch den Verzicht auf Kartenlesegeräte, was eine weitere Kostenersparnis durch verringerte Wartungskosten verspricht. Die Abrechnung über das Kommunikationsprotokoll ist durch kryptografische Verfahren geschützt und basiert auf in den Fahrzeugen hinterlegten Zertifikaten.

Alle diese Aspekte nimmt die neue Ladekommunikation nach ISO 15118 auf und bietet Unterstützung bei dem hierfür notwendigen Informationsaustausch. Durch

F. Brosi, *Methode zur Erzeugung eines erweiterten Konformitätstests für Kommunikationsprotokolle am Beispiel der ISO 15118*, Wissenschaftliche Reihe Fahrzeugtechnik Universität Stuttgart, https://doi.org/10.1007/978-3-658-27533-4_1

die Vielzahl an Möglichkeiten, welche die Kommunikation bietet, ist das Protokoll entsprechend umfangreich und komplex gestaltet.

Die Komplexität erfordert, dass die Zuverlässigkeit der Systeme mit dieser Kommunikation über geeignete Maßnahmen sichergestellt werden muss. Denn potenzielle negative Kundenerfahrungen, zum Beispiel durch unzuverlässige Systeme provoziert, schmälern die Marktchancen der Elektromobilität deutlich. Neben der elektrischen Konformität spielt hier die Konformität der Kommunikation eine entscheidende Rolle. Die Konformität ist die Voraussetzung der Kompatibilität und Interoperabilität zwischen den Fahrzeugen und der Ladeinfrastruktur. Zur Erhöhung der Zuverlässigkeit sollte der Nachweis der Konformität um weitere Aspekte wie Robustheit gegenüber Fehlern erweitert werden. Ziel dieser Arbeit, ist es eine Methode zur systematischen Ermittlung zusätzlicher Testfälle zu einem Konformitätstest zu entwickeln. Die hier vorliegende Arbeit stellt diese Methode und deren Umsetzung zur Erweiterung eines Konformitätstests vor. Das Vorgehen ist geeignet, die Konformität der Kommunikation und die Robustheit gegenüber Fehlern des Kommunikationspartners nachzuweisen. Dazu wird nach einer analytischen Bestimmung und Auswahl der Negativtests ein modellbasierter Ansatz zur automatisierten Generierung entsprechender Testsequenzen genutzt. Für die Analyse wird ein neues systematisches Vorgehen eingeführt. Dieses erlaubt die Überprüfung der Testimplementierung auf die erforderlichen Prüffunktionen. Darüber hinaus ermöglicht die Methode eine gezielte Auswahl an relevanten Testfällen mit Fehlerstimuli für die Prüfung der Robustheit des zu testenden Systems. Der modellbasierte Ansatz nutzt ein Modell der fehlerfreien Kommunikation, welches automatisiert um die ausgewählten Negativtests erweitert wird. Die Erweiterung erfolgt dabei durch neu entwickelte Softwarealgorithmen, die das fehlerfreie Modell einlesen und die Testfälle mit den Negativtests einfügen. Neben Fehlern im Ablauf der Kommunikation können diese Algorithmen in Verbindung mit einer Datenbank für Testdaten auch Datenfehler als provozierende Stimuli der Negativtests erzeugen. Das bei der Ausführung der Algorithmen erweiterte Modell wird anschließend für die Generierung der Testsequenzen genutzt. Die Generierung erfolgt mittels des FKFS Softwaretools TeSAm, dieses wird für die Verarbeitung von Kommunikationsprotokollmodellen angepasst. Die Ausführung der Testsequenzen erfolgt in einem für die ISO 15118 Kommunikation aufgebauten Testsystem. Dieses besteht neben der Hardware für die Kommunikation aus Leistungselektronik und Messtechnik. Gesteuert wird das Testsystem über eine kommerzielle Software zur Ablaufsteuerung.

Im folgenden Kapitel wird zunächst der Stand der Technik analysiert und die für das Verständnis der ISO 15118 notwendigen Informationen vorgestellt. In Kapitel 3 wird die systematische Analyse der Fehlerpotenziale und der für Tests abzuleitenden Teststimuli vorgestellt. Darauf aufbauend wird in Kapitel 4 die Methodik zur Erstellung des Testmodells dargelegt. Hierbei wird insbesondere auf die entwickelte Teilautomatisierung der Modellierung und die Generierung der Testsequenzen eingegangen. Die Implementierung des Systems und einige Testergebnisse sind in Kapitel 5 erläutert. Mit einer Zusammenfassung und einem Ausblick in Kapitel 6 schließt diese Arbeit ab.

2 Stand der Technik

Dieses Kapitel behandelt die Grundlagen der Kommunikation zwischen einem Elektrofahrzeug und dem Ladeequipment nach ISO 15118 [21]. Diese tragen zum einfacheren Verständnis der weiteren Kapitel bei. Ebenso werden bestehende Verfahren und Methoden zum Test der Kommunikation technischer Geräte vorgestellt und erläutert.

2.1 Kommunikation technischer Geräte

Für die Kommunikation technischer Geräte kommen, abhängig von den technischen Gegebenheiten und Anforderungen, verschiedene Übertragungstechniken und Protokolle zum Einsatz. Zur Beschreibung der Kommunikation hat sich das ISO/OSI-7-Schichtenmodell [32] etabliert, dieses unterteilt die Kommunikation in sieben Protokollschichten von der physikalischen Schicht bis zur Applikationsschicht. Die sieben Schichten des ISO/OSI Modells lauten:

- Application layer: Anwendungsschicht
- Presentation layer: Darstellungsschicht
- Session layer: Kommunikationssteuerung
- Transport layer: Transportschicht
- Network layer: Netzwerkschicht, Vermittlung
- Data link layer: Datenübertragungsschicht
- Physical layer: Physikalische Schicht, Bitübertragungsschicht

Neben der Norm ISO IEC 7498-1 1994 [32] beschreiben verschiedene Literaturquellen die Funktionen der einzelnen Schichten, so zum Beispiel [59] und [48]. Eine beispielhafte Nutzung der Schichten im Zusammenhang mit der ISO 15118 ist in Abbildung 2.5 dargestellt.

Nicht jede Kommunikation zwischen technischen Geräten bildet jede Schicht ab. Der CAN-Bus, im automobilen Umfeld die vorherrschende Kommunikationstechnik, bildet die Schichten 1 und 2 ab.

F. Brosi, *Methode zur Erzeugung eines erweiterten Konformitätstests für Kommunikationsprotokolle am Beispiel der ISO 15118*, Wissenschaftliche Reihe Fahrzeugtechnik Universität Stuttgart, https://doi.org/10.1007/978-3-658-27533-4_2

Ein weiteres Unterscheidungsmerkmal der verschiedenen Kommunikationen ist die verwendete Topologie des Kommunikationsnetzwerkes. Zu finden sind Bus-, Stern-, Ring- und vermaschte Topologien, aber auch die direkte Verbindung zweier Geräte. [48]

Eine Unterteilung der Kommunikation in zyklische oder zustandsabhängige Sendefolgen findet in der Regel nicht statt, da meist Mischformen anzutreffen sind. Beim CAN-Bus in Fahrzeugen herrscht das zyklische Senden von Nachrichten vor, jedoch beim Start und im Nachlauf von Steuergeräten werden auch zustandsabhängige Nachrichten versendet. Auch Request-Response Mechanismen sind häufig zu finden, vorrangig bei einem Server-Client Verhältnis der Kommunikationspartner. Beim automotive CAN tritt dieser Mechanismus im Falle einer Diagnose-Session auf [20].

2.2 Tests für Kommunikationsprotokolle

Da die Kommunikation elementar für das Funktionieren und das Zusammenspiel von vernetzten Geräten ist, muss die Kommunikation, beziehungsweise die Implementierung des verwendeten Protokolls, durch entsprechende Tests abgesichert werden. Die zur Absicherung genutzten Tests können nach ihren Zielen unterschieden und eingeordnet werden. Folgende Auflistung beinhaltet die vorherrschenden Testarten und deren Definitionen [64, 34].

- Funktionstest: Nachweis, dass die festgelegten und vorausgesetzten Erfordernisse erfüllt und die Systemfunktion wie vorgesehen realisiert ist
- Konformitätstest: Test gegen eine Spezifikation, dazu zählen anwendungsspezifische Normen und Vereinbarungen sowie gesetzliche Bestimmungen und ähnliche Vorschriften
- Interoperabilitätstest: Test, ob zwei oder mehr spezifizierte Komponenten miteinander arbeiten können, Grundvoraussetzung für Interoperabilität ist die Konformität der Komponenten
- Robustheitstest: Test eines Systems, ob es korrekt oder fehlertolerant am Rande oder außerhalb der Spezifikation reagiert
- Stresstest: Test von Systemen in Grenzsituationen, z. B. an Belastungsgrenzen
- Performanztest: Test der Leistungseigenschaft eines Systems, zum Beispiel hinsichtlich der Verarbeitungszeit oder des Datendurchsatzes

- Verträglichkeitstest: Test, ob ein System andere Systeme stört oder sich stören lässt

Kommuniziert eine Vielzahl von verschiedenen Teilnehmern mit unterschiedlicher Implementierung miteinander, ist das Einhalten der zugrundeliegenden Kommunikationsnorm elementar zur Gewährleistung der interoperablen und zuverlässigen Datenübertragung. Für die Teilnehmer an einer Kommunikation mit wechselnden Kommunikationspartnern ist ein Konformitätstest somit obligatorisch, um die Kompatibilität zu gewährleisten. Dies spiegelt sich auch in der Normung wider, für viele Kommunikationsprotokolle sind die entsprechende Testspezifikationen für Konformitätstests ebenfalls in Normen festgeschrieben. Tabelle 2.1 listet einige Protokolle mit den zugehörigen Konformitätstestspezifikationen auf.

Für die Erstellung und Durchführung von Konformitätstests für Kommunikationsprotokolle, die auf dem OSI-Schichtenmodell aufbauen, ist die ISO 9646 [33] zu beachten. Spezialisierungen für bestimmte Protokolle orientieren sich dabei ebenfalls in der Regel an dieser Norm und nutzen dabei deren Notation. Dies gilt ebenso für die Konformitätstestspezifikationen ISO 15118-4 [23] und ISO 15118-5 [24]. Die folgenden Erläuterungen basieren ebenfalls auf der Norm ISO 9646 und sind zudem in verkürzter Form bei [58, 68, 41] und [8] beschrieben. Die Testmethodik sieht dabei vor, jede Implementierung, beziehungsweise jedes Protokoll, separat zu prüfen. Dazu muss die „Implementation Under Test“ (IUT), das zu testende Protokoll, sowohl in Richtung der unteren OSI-Schicht („nach unten“) als auch gegenüber der oberen Schicht („nach oben“), z.B. der Anwendung, auf Konformität getestet werden. Das gemeinsame Testen mehrerer Schichten oder Protokolle bis hin zur vollständigen Kommunikation oder realen Systemen ist von der Norm ebenfalls abgedeckt.

Zur Unterscheidung und Kategorisierung verschiedener Testsysteme definiert die ISO 9646 vier abstrakte Testkonfigurationen. Die Konfigurationen unterscheiden sich primär über die Funktionalität und in der Anordnung der Tests zu den unteren und oberen Schichten sowie in den Positionen der Schnittstellen zum Kontrollieren und Beobachten (Point of Control and Observation – PCO). Die Funktionen zum Testen der unteren Schichten werden in ISO 9646 als „Lower Tester“, die der oberen Schichten als „Upper Tester“ bezeichnet. Die Konfiguration der Testsysteme wird hierzu nach ISO 9646 unterteilt in:

- Entfernter Lower Tester
- Lokale Testkonfiguration
- Verteilte Testkonfiguration

Tabelle 2.1: Konformitätstests für Kommunikationsprotokolle

Kommunikationsprotokoll	Konformitätstest
CAN	ISO 16845-1:2016 Straßenfahrzeuge - Controller Area Network (CAN) Konformitätsprüfplan - Teil 1: Sicherungsschicht und physikalische Signaleingabe [31]; ISO 16845-2:2018 Straßenfahrzeuge - Controller Area Network (CAN) Konformitätsprüfungsplan - Teil 2: Buszugriffseinheit im Hochgeschwindigkeitsbereich - Konformitätsprüfungsplan [26]
LIN	ISO 17987-7:2016 Straßenfahrzeuge - Local Interconnect Network (LIN) - Teil 7: Spezifikation der Konformitätsprüfungen der elektrischen physikalischen Schnittstelle (EPL) [30]; ISO 17987-6:2016 Straßenfahrzeuge - Local Interconnect Network (LIN) - Teil 6: Spezifikation der Protokoll Konformitätsprüfungen [29]
FlexRay	ISO 17458-3:2013-02 Straßenfahrzeuge - FlexRay Kommunikationssystem - Teil 3: Konformitätsprüfungen der Verbindungsschicht [27]; ISO 17458-5:2013-02 Straßenfahrzeuge - FlexRay Kommunikationssystem - Teil 5: Konformitätsprüfungen der elektrischen physikalischen Schicht [28]
Modbus	Conformance Test Specification for Modbus TCP Version 3.0 [79]
Feldbusse	ISO/IEC 9646 Open Systems Interconnection – Conformance testing methodology and framework [33]

- Koordinierte Testkonfiguration

Ein entfernter Lower Tester (Remote Lower Tester) besitzt einen PCO zu den unteren Schichten des IUT, aber nicht zu den oberen Schichten. Das Verhalten der oberen Schichten kann informell in den Beschreibungen der Tests vorhanden sein, so dass ein Testoperateur das Verhalten begutachten kann. Das Testsystem nimmt hierbei keinen Einfluss über die oberen Schichten auf das „System under Test" (SuT) . Eine lokale Testkonfiguration bindet den Upper Tester in das Testsystem ein und benötigt deshalb eine Hardwareverbindung zu der oberen Schnittstelle des IUT. Das IUT wird dabei über zwei PCOs kontrolliert und beobachtet. Die verteilte und die koordinierte Testkonfiguration bindet den Upper Tester in das SuT ein. Die verteilte Konfiguration nutzt sowohl für die untere als auch für die obere Schicht einen PCO. Der Upper Tester benötigt zur Durchführung seiner Tests und zur Koordination mit dem Lower Tester eine manuelle Bedienungseinheit oder eine informationstechnische Zugriffsmöglichkeit für den Tester. Die koordinierte Testkonfiguration synchronisiert die beiden Tests mittels standardisierter Testmanagementprotokolle. Dabei wird nur ein PCO zu den unteren Schichten genutzt. Welche Testkonfiguration gewählt wird, hängt von den Möglichkeiten, die das SuT und das Testsystem bieten, ab. [62, 68, 58, 41, 8, 33]

Die Abbildung 2.1 veranschaulicht die in dieser Arbeit verwendete Testkonfiguration Remote Lower Tester.

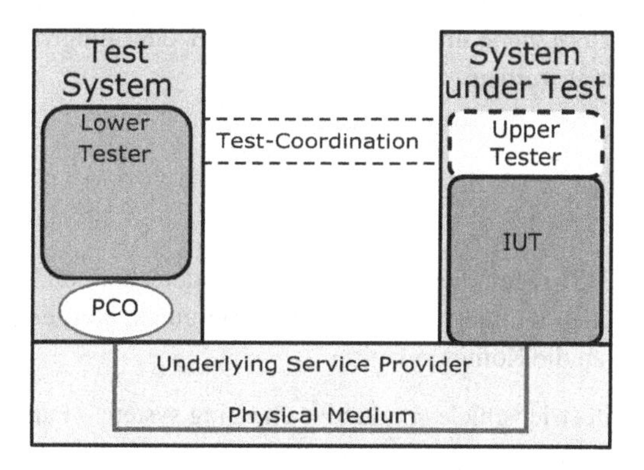

Abbildung 2.1: Remote-Testaufbau für ein IUT; angelehnt an [33]

Da Protokolle häufig eine Vielzahl an Ausrichtungen und Optionen bereitstellen, werden die relevanten Testfälle vor einem Test anhand der Beschreibung des Herstellers ausgewählt. Die Beschreibung der konkreten Umsetzung ist in einem oder mehreren „Protocol Implementation Conformance Statements“ (PICS) festgehalten und dient zur Auswahl der Testfälle. Die PICS legen dabei die implementierten Teile des Protokolls mit den zugehörigen Parametern offen. [63, 8, 33]

Bei Produkten, die sich in Kundenhand befinden, besteht das Risiko, dass ein Verbindungsaufbau mit einem nicht konformen oder gar schadhaftem Gerät versucht wird. Zur Sicherstellung des Informationsaustausches von Produkten in Kundenhand sind daher Erweiterungen des Konformitätstests in Richtung Interoperabilitäts-, Robustheits- und Verträglichkeitstests für die Protokollimplementierungen oder die ganzen Geräte angebracht.

Die Sicherstellung eines korrekten und stabilen Informationsaustausches erfolgt in der Regel begleitend zur Entwicklung einer Implementierung. Hierbei kommen neben Black-Box- auch White-Box-Tests zum Einsatz, bei denen die Implementierung für die Testfallentwicklung offen liegt. Vor der Einführung eines Produkts auf dem Markt ist es sinnvoll, dass eine neutrale Partei das Produkt mittels eines erweiterten Konformitätstests prüft. Dies gewährleistet die Interoperabilität und vermeidet Probleme im Markt für den Kunden. Zum Beispiel beschreiben Porteck und Hansen in [45], dass diese Probleme bei der Elektromobilität im Feld tatsächlich auftreten. Für die Konformitätstests der Endprodukte stehen im allgemeinen nur Black-Box-Verfahren zur Verfügung, da die Hersteller meist kein Interesse an der Offenlegung ihres Quellcodes besitzen. Gegebenenfalls ist es jedoch nötig, das Produkt in einen bestimmten Zustand zu versetzen. Geschieht dies über andere Wege als die zu testende Kommunikation, kann von einem Grey-Box-Test gesprochen werden, da zusätzliche Informationen zum SuT oder Eingriffsmöglichkeiten auf das SuT benötigt werden.

2.3 IEC 61851

Die Norm IEC 61851 regelt die kabelgebundene Ladetechnik für elektrische Fahrzeuge. In fünf Teilen definiert die Norm Anforderungen an die Ladesäulen, die Fahrzeuge sowie an die Kommunikation:

- IEC 61851-1 Electric vehicle conductive charging system – Part 1:
  General requirements
- IEC 61851-21 Electric vehicle conductive charging system – Part 21:
  Electric vehicle requirements for conductive connection to an a.c./d.c. supply
- IEC 61851-22 Electric vehicle conductive charging system – Part 22:
  AC electric vehicle charging station
- IEC 61851-23 Electric vehicle conductive charging system – Part 23:
  DC electric vehicle charging station
- IEC 61851-24 Electric vehicle conductive charging system – Part 24:
  Digital communication between a d.c. EV charging station and an electric vehicle for control of d.c. charging

Bezüglich des Informationsaustausches beschreibt die Norm eine Basiskommunikation für das AC-Laden, welche identisch zu dem Protokoll der Norm SAE J1772 [57] ist. Für das DC-Laden bestimmt die Normenreihe die Anforderungen an die

Kommunikation (IEC 61851-24) für drei in der IEC 61851-23 beschriebene DC-Ladesysteme. Diese Systeme und ihre Kommunikation entsprechen dem CHAdeMO Standard, dem chinesischen Standard GB/T 27930 [9] und dem „Combined Charging System“ (CCS). Die Kommunikation basiert bei CHAdeMO und GB/T 27930 auf dem CAN-Bus (ISO 11898-1 und ISO 11898-2), wohingegen das CCS die Daten mittels der ISO 15118 oder der DIN SPEC 70121 [6] überträgt.

Die Basiskommunikation nach IEC 61851-1 [18] erfüllt mehrere Aufgaben. Diese sind die Erkennung eines eingesteckten Kabels, die Dekodierung der Stromtragfähigkeit des Kabels sowie der Aufbau einer einfachen Kommunikation zwischen dem Fahrzeug und der Ladesäule.

Über die Basiskommunikation werden die Informationen der aktuell vom Ladepunkt zur Verfügung gestellten maximalen Stromstärke und der Zustand der Ladebereitschaft des Fahrzeuges ausgetauscht. Für diese der Basiskommunikation zugeordneten Aufgaben besitzen die Ladestecker und Ladekupplungen jeweils zwei separate Kontakte, den Proximity Pin (PP) und den Control Pilot (CP). Zwischen PP und der Leitung der Schutzerde (Protective Earth) ist innerhalb des Steckers ein definierter Widerstand eingebracht, der die maximale Stromstärke des Kabels kodiert. Die CP-Pins des Steckers und der Kupplung des Kabels sind miteinander verbunden und damit bei gestecktem Kabel auch das Fahrzeug mit dem Ladepunkt. Die Abbildung 2.2 zeigt das Ersatzschaltbild dieser Verbindung und in vereinfachter Form die dahinterliegenden elektrischen Schaltungen.

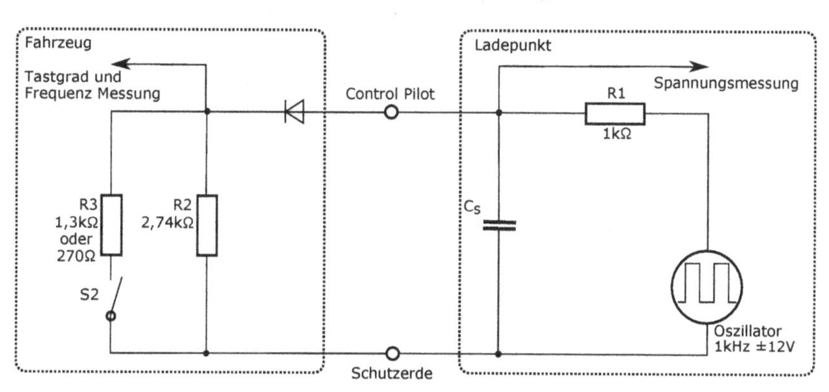

Abbildung 2.2: Vereinfachtes Ersatzschaltbild der IEC 61851 Kommunikation [18]

Die zum Laden bereite Ladesäule erzeugt bei eingestecktem Kabel per Pulsweitenmodulation (PWM) ein Signal mit $\pm 12V$. Mittels eines Widerstandsnetzwerks und dem sogenannten S2 Schalter, siehe Abbildung 2.2, kann das Fahrzeug den aktuellen Zustand seiner Ladebereitschaft durch den sich einstellenden Spannungswert am Messpunkt der Ladesäule zurückmelden. Die Widerstandswerte sind so gewählt, dass die definierten Zustände[1] jeweils einen Abstand von $3V$ aufweisen. Benötigt ein Fahrzeug beim Laden eine Belüftung, zum Beispiel bei ausgasenden Akkumulatoren, ist der Widerstand so zu wählen, dass sich ein Spannungsniveau von $3V$ am Messpunkt einstellt. Die Ladesäule kann durch den Tastgrad (Duty-Cycle) des PWM-Signals die aktuell mögliche Stromstärke an das Fahrzeug übermitteln. Bekommt die Ladesäule von außen einen Befehl, kann dies auch während eines laufenden Ladevorgangs das PWM-Signal und somit die maximal erlaubte Stromstärke anpassen. Solch einen Befehl kann zum Beispiel ein übergeordnetes Lademanagementsystem geben. Die Zeitdauer, bis an einem Ladepunkt nach einem solchen externen Befehl der Tastgrad des Signals angepasst ist ($10\,s$), als auch die Zeitdauer, bis das Fahrzeug die Stromstärke anpasst ($5\,s$), ist in der IEC 61851-1 definiert. Abbildung 2.3 zeigt die Kommunikation bei einen Ladevorgang nach IEC 61851-1.

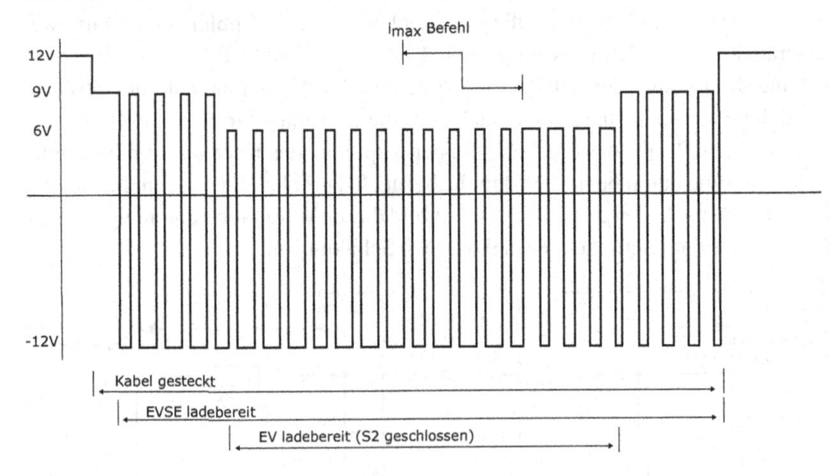

Abbildung 2.3: Kommunikation über IEC 61851 [18]

2.4 ISO 15118

Eine höherwertige digitale Kommunikation zwischen einem Ladepunkt und einem elektrischen Fahrzeug bietet einige Vorteile für die beteiligten Systeme. So sind dem Netz dienliche Funktionen oder auch Komfortfunktionen erst mit einer höherwertigen, flexibleren Kommunikation möglich. Neben dem CHAdeMO Standard

[1]Die Zustände sind: Fahrzeug nicht verbunden ($12V$), Fahrzeug verbunden ($9V$), Fahrzeug ladebereit ($6V$) und Fahrzeug ladebereit, Belüftung benötigt ($3V$)

und dem chinesischen Standard GB/T 27930 [9] gibt es hierfür die Kommunikation nach ISO 15118 beziehungsweise die DIN SPEC 70121. Die DIN SPEC 70121 wurde für eine schnellere Markteinführung aus einem frühen Stand der ISO 15118 für das Gleichstromladen entwickelt. Für das in Europa angestrebte CCS ist die DIN SPEC 70121 respektive die ISO 15118 obligatorisch. Die ISO 15118 nutzt die Kommunikation der IEC 61851 als Sicherheitsebene, beziehungsweise als Rückfallebene beim AC-Laden. Zur physikalischen Übertragung nutzt die ISO 15118 die Powerline Communication (PLC) auf Basis des Homeplug Green Phy Standards. Das PLC-Signal wird dabei auf den Control Pilot der IEC 61851 mit dessen PWM-Signal aufmoduliert. Die Funktion dieser Sicherheitsebene wird unter anderem daran sichtbar, dass neben dem Befehl zum Schließen des Ladepunktschützes über die ISO 15118 immer auch der Schalter S2 der IEC 61851 innerhalb eines definierten Zeitfensters geschlossen werden muss, bevor der Schütz tatsächlich geschlossen werden darf. Aus Sicherheitsgründen muss im Notfall die Ladesäule direkt auf den S2 Schalter reagieren, unabhängig von der digitalen Kommunikation.

Ein Vorteil der ISO 15118 gegenüber den aktuellen Versionen der Standards CHAdeMO und GB/T 27930 ist die Möglichkeit, Leistungsprofile für das Laden vorzugeben, beziehungsweise diese dem Netzbetreiber zurückzumelden. Über diese Profile ist eine bessere Planung und Steuerung des Ladens möglich und die Belastung des Netzes reduziert.

Die ISO 15118 setzt auf eine TCP/IP basierte Client-Server Kommunikation, wobei eine Peer-to-Peer Verbindung zu Stande kommt. Die Ladesäule übernimmt die Rolle des Servers und das Fahrzeug die des Clients. Entsprechend der Rollenverteilung sendet das Fahrzeug Requests an den Ladepunkt und erhält von dort die Responses. Der Kommunikationsablauf ist in einem Zustandsautomaten definiert, dessen Zustandsübergänge durch die Requests des Fahrzeuges bestimmt werden. Über den Request-Response-Mechanismus hat die Ladesäule keine Möglichkeit den Verlauf der Kommunikation zu beeinflussen. Daher kann die Ladesäule Notifications mit den Responses mitschicken, mit denen das Fahrzeug aufgefordert wird, bestimmte optionale Kommunikationsabläufe aufzurufen. Das Fahrzeug kann diese optionalen Abläufe jedoch auch ohne Aufforderung wählen. Der Kommunikationsablauf kann somit nur bedingt exakt vorhergesagt werden, was eine Herausforderung für das Testsystem der Fahrzeugschnittstelle darstellt.

2.4.1 Aufbau der Norm

Der Standard besteht aus mehreren Teilen. Der erste Teil beschäftigt sich mit den zugrundeliegenden Use-Cases, auf die der Standard angewendet werden kann. Der Teil ISO 15118-2 beschreibt und definiert die Anforderungen an die Kommunikation auf den OSI-Schichten 7 bis 3, den oberen Schichten.

Die Anforderungen an die unteren OSI-Schichten 2 und 1 sind in dem Normteil -3 definiert. Die OSI-Schichten der ISO 15118 sind in Kapitel 2.4.2 näher erläutert. Korrespondierend zu den Teilen -2 und -3 beschreiben die Teile -4 und -5 die Konformitätstests des Standards. Für die oberen Schichten ist der Konformitätstest in Teil -4 der ISO 15118 beschrieben. Kernstück der Teile -4 und -5 ist der normative TTCN-3 Referenzcode für die Tests. Konformitätstests in anderen Testsprachen und Testsystemen müssen ihre Äquivalenz zu dieser TTCN-3 Implementierung nachweisen, um als Norm konform angesehen zu werden. Hierbei hilft der beschreibende informelle Teil der Testdefinition, da er einen ersten anschaulichen Überblick bezüglich der Testcases gewährt. Die Abbildung 2.4 veranschaulicht die Zuordnung zwischen den Normteile -2 bis -5 und den OSI-Schichten, sowie die Unterteilung zwischen der Funktionsbeschreibung und den Konformitätstestdefinitionen.

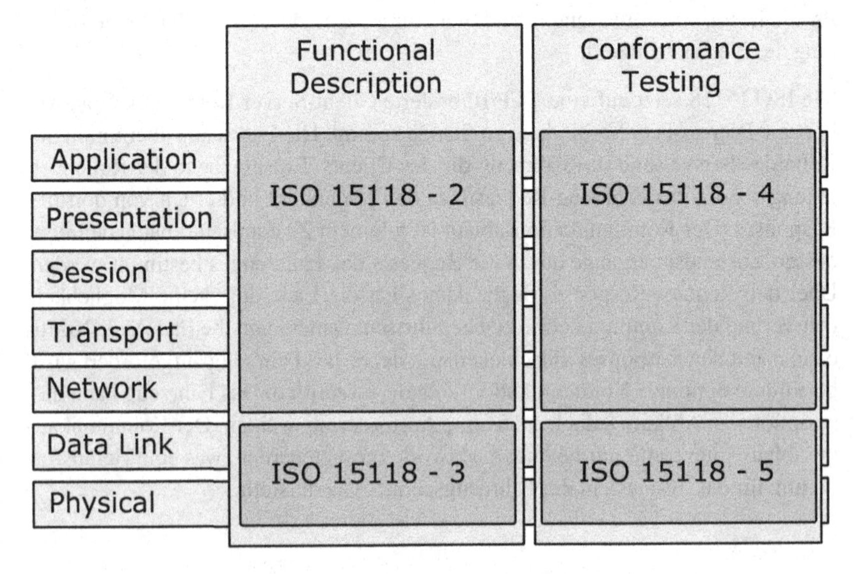

Abbildung 2.4: Die ISO 15118 im Kontext der OSI-Schichten [21]

Der Standard wird zur Abdeckung weiterer Use-Cases weiterentwickelt. Für die oberen Schichten dieser Use-Cases ist die ISO 15118-20 aktuell in der Entwicklung. Mit der Veröffentlichung der ISO 15118-8 sind die unteren Schichten einer drahtlose Kommunikation für das kabellose Laden definiert. Die Konformitätstests dieses Normteils befindet sich ebenfalls in der Entwicklung und werden in der ISO 15118-9 veröffentlicht.

2.4.2 ISO/OSI Schichten der ISO 15118

Die ISO 15118 orientiert sich an den ISO/OSI Schichten [32], wobei in den meisten Schichten bekannte und etablierte Standards, Protokolle und Mechanismen aus dem Internet-Umfeld zum Einsatz kommen. Eine Übersicht der verwendeten Protokolle und ihre Einordnung in das ISO/OSI-Modell zeigt die Abbildung 2.5. In der Abbildung ist stark vereinfacht auch die zeitliche Abfolge des Kommunikationsaufbaus dargestellt. Zwecks einer übersichtlicheren Darstellung wurde auf den Begriff Layer in der Grafik verzichtet. Zur Vereinfachung und besseren Umsetzbarkeit im automotive und embedded Umfeld werden diese Standards und Protokolle teilweise in ihren Optionen eingeschränkt. Die folgenden Unterkapitel erläutern kurz die Standards und ihre Funktion. Dabei werden auch einzelne Einschränkungen berücksichtigt. Die Anforderungen zur Nutzung der angezogenen Protokolle und Standards sind für die oberen Schichten im Kapitel 7 der ISO 15118-2 festgelegt.

Powerline nach HomePlug Green Phy Standard

In der physikalischen Schicht kommt das Powerline-Übertragungssystem HomePlug Green Phy zum Einsatz. HomePlug Green Phy wurde für energiesparende Systeme entwickelt. Zur Erreichung eines niedrigen Energieverbrauchs wurde unter anderem die Übertragungsrate gegenüber dem HomePlug AV Standard [16] reduziert. In der ISO 15118 wird als Trägermedium nicht eine Leistungsleitung verwendet, sondern der Control-Pilot des IEC 61851 Standards [22]. Es ist für jeden Ladepunkt vorgesehen einen eigenen Chip zur Kommunikation einzusetzen. Bei der Kommunikation wird somit eine Punkt-zu-Punkt-Verbindung zwischen dem Electric Vehicle Communication Controller (EVCC) und dem Supply Equipment Communication Controller (SECC) aufgebaut. Systembedingt neigt die Powerline Kommunikation zum Übersprechen, was im Falle der Ladekommunikation von Nachteil ist. Das Übersprechen ermöglicht, dass Systeme eine gesendete Nachricht empfangen ohne eine direkte elektrische Verbindung mit dem Sender zu haben. Bei

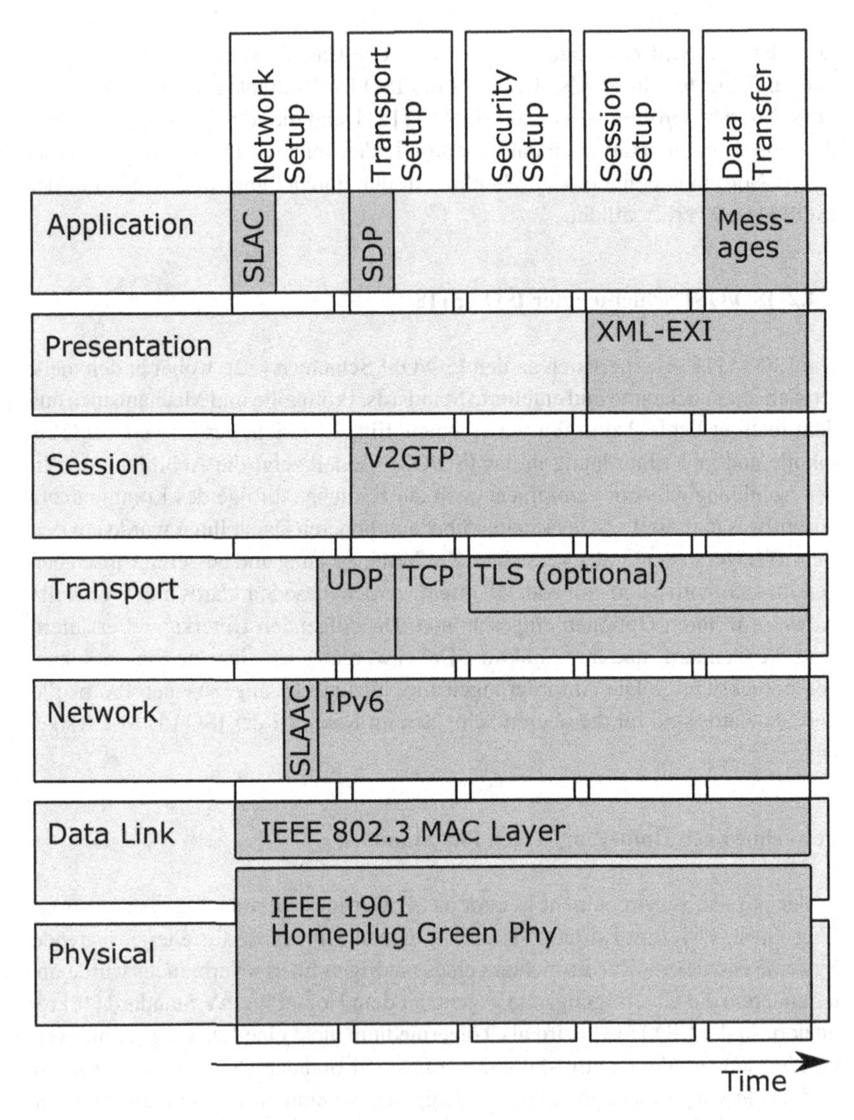

Abbildung 2.5: ISO/OSI Schichten der ISO 15118; angelehnt an [60, 61] und [6]

mehreren Sendern und Empfängern in der näheren Umgebung kann die Punkt-zu-Punkt-Verbindung daher nicht ohne weiteres eindeutig aufgebaut werden.

Aus diesem Grund wurde der „Signal Level Attenuation Characterization Mechanismus“ (SLAC) entwickelt, mit dessen Hilfe ein virtuelles, verschlüsseltes Netzwerk zwischen den beiden Chips, dem des EVCC und dem des SECC, aufgebaut wird. Dieses „AV Logical Network“ (AVLN) wird durch einen „Network Membership Key“ zur passenden „Network Identity“ (NID) verschlüsselt. Während des SLAC werden die NID wie auch der „Network Membership Key“ ausgetauscht. Da sowohl NID als auch der „Network Membership Key“ im Klartext übertragen werden, stellt die Verschlüsselung kein Security-Feature dar. Dies ist auch nicht Ziel des „AV Logical Networks“, sondern die Etablierung eines logischen, virtuellen Netzwerkes und die Zuordnung der beiden Chips zu diesem. [12]

IEEE 802.3 MAC Layer

Die weitverbreitetste Schnittstelle für kabelgebundene lokale Datennetzwerke ist Ethernet nach dem Standard IEEE 802.3 [19]. Die Schnittstelle zur Schicht 3 ist bei Ethernet und HomePlug Green PHY identisch. Intern arbeitet die Schicht entsprechend dem Media Access Control (MAC) nach IEEE 802.3 und baut auch die Nachrichten entsprechend auf. Daher wird auch die Schnittstelle wie bei Ethernet über die MAC-Adresse angesprochen. Dies ermöglicht die Entwicklung in einer frühen Phase auf Ethernet-Schnittstellen durchzuführen und erst zu einem späteren Zeitpunkt auf die Powerline-Kommunikationstechnik umzusteigen.

SLAC-Protokoll

Durch das prinzipbedingt starke Übersprechen der Powerline-Kommunikation ist es notwendig, ein Verfahren zur Bestimmung der mit dem Ladekabel verbundenen Kommunikationspartner zu finden. Das SLAC-Protokoll nutzt zur Ermittlung des korrekten Kommunikationspartners die in den HomePlug Green Phy Chips integrierte Messung der Signaldämpfung. Dabei wird die physikalische Eigenschaft genutzt, dass beim Einkoppeln des Signals in eine andere Leitung die dort induzierte Signalleistung reduziert ist und somit die Signalstärke einen geringeren Messwert aufweist. Bei jedem Übersprechen auf eine andere Leitung erhöht sich daher die gemessene Dämpfung des Signals, welches das SLAC-Verfahren nutzt. Der Empfänger mit der geringsten gemessenen Dämpfung aller antwortenden Kommunikationspartner ist der gesuchte Kommunikationspartner, da die direkte elektrische Verbindung über das eingesteckte und angeschlossene Ladekabel zwischen dem Sender und diesem Empfänger zu der geringsten Dämpfung des Signals führt.

Das Protokoll sieht vor, dass ein elektrisches Fahrzeug nach dem Einstecken des Ladekabels und nach kurzer Bekanntmachung des Chips definierte Signale absetzt, welche von den Ladesäulen gemessen werden. Dieses Messergebnis schicken die Ladecontroller an das Fahrzeug zurück. Das Fahrzeug wählt aus allen Antworten die Nachricht mit den niedrigsten Dämpfungswerten aus und baut eine Verbindung zu diesem Ladepunkt auf. Dazu werden die nötigen MAC-Adressen und Keys zum Aufbau des virtuellen Netzwerks innerhalb des SLAC-Protokolls ausgetauscht. Weitere Beschreibungen des SLAC-Mechanismus finden sich in [77, 11] und in der ISO 15118-3 [22].

Internet Protocol Version 6 (IPv6)

Das Internet Protocol (IP) dient der Adressierung von Kommunikationspartnern und dem Routing von Informationspaketen durch ein Netzwerk. Die Version 6 des Protokolls ist im RFC 2460 [49] definiert. Die Architektur der Adressierung von IPv6 Adressen beschreibt die RFC 4291 [50], dabei werden die Adressen in drei Typen unterteilt:

- unicast; Zieladresse einer Schnittstelle, Datenpakete werden an diese Schnittstelle gesendet
- anycast; Zieladresse eines Satzes von Schnittstellen, Datenpakete werden an die nächste[2] Schnittstelle des Satzes gesendet
- multicast; Zieladresse eines Satzes von Schnittstellen, Datenpakete werden an jede Schnittstelle des Satzes gesendet

Die Länge einer IPv6 Adresse ist auf 128 Bit festgelegt. Anhand von Präfixen sind die Typen zu unterscheiden. Die Multicast-Adressen sind an dem Präfix FF zu erkennen und ihre Notation folgt damit der Form $FF00::/8$. Das Präfix für Link-Local unicast Adressen lautet $FE80$, was zu der Form $FE80::/10$ führt. Für den Verbindungsaufbau in der ISO 15118 werden Link-Local Adressen verwendet. Die Steuergeräte ermitteln ihre IPv6-Adressen über den Mechanismus „stateless auto address configuration“ (SLAAC) (RFC 4862 [51]). Die Autokonfiguration erzeugt aufgrund eines fehlenden Routers nur Link-Local-Adressen und verhindert die Zuweisung identischer IPv6-Adressen. Optional ist auch die Verwendung des „Dynamic Host Configuration Protocol“ (DHCP) in Version 6 möglich, derzeit aber unüblich. Ebenso ist die Verwendung des IPsec Protokolls nicht vorgesehen. Die verpflichtende Implementierung von IPsec aus dem RFC 2460 [49] wird für V2G Entitäten ausgesetzt und wird nicht gefordert. Die Security des ISO 15118

[2] entsprechend der Messung des Routing-Protokolls

Protokolls wird daher ausschließlich über Transport Layer Security (TLS) und XML-Security Mechanismen gewährleistet.

Transmission Control Protocol (TCP) und User Datagram Protocol (UDP)

„Transmission Control Protocol" (TCP) und „User Datagram Protocol" (UDP) sind zwei Transportprotokolle, die sich primär bezüglich der Absicherung der Kommunikation unterscheiden. UDP (RFC 768 [55]) überwacht nicht den Empfang der Datenpakete und ist daher gegenüber TCP schneller beim Abschließen eines Sendevorgangs, da nicht auf eine Antwort des Empfängers gewartet wird. UDP soll in den ISO 15118 Kommunikationscontrollern implementiert sein, da das SECC Discovery Protocol (SDP) auf UDP basiert.

TCP (RFC 793 [56]) überwacht den Empfang und die Reihenfolge der empfangenen Daten. Dazu enthalten die Header sowohl eine Sequenznummer als auch eine Acknowledgment-Nummer. Der Zustand der Verbindung ist über einen Zustandsautomaten definiert, über den das Verhalten entsprechend des Verbindungsstatus bestimmt wird. Die Trennung verschiedener TCP-Datenströme erfolgt über die Portnummer innerhalb einer TCP-Instanz. Da jede Instanz auf einem System die Ports selbstverwaltet, sind die Port-Nummern innerhalb des Systems und des Netzwerkes nicht eindeutig. Dies werden sie erst in Verbindung mit der eindeutigen IP-Adresse. Erst in Verbindung der eindeutigen IP-Adresse und der Portnummer ist ein Datenstrom eindeutig adressiert. Für Anwendungen sind Standardports definiert, so sind zum Beispiel Webserver unter Port 80 zu erreichen. [56]

Transport Layer Security (TLS)

Zur Erhöhung der Datensicherheit und zum Schutz der Kommunikation kann im „External Identification Means" und muss im „Plug and Charge Mode" (siehe Abschnitt Applikation) die Verbindung per „Transport Layer Security" (TLS) verschlüsselt erfolgen. Dabei ist das TLS-Protokoll in der Version 1.2 anzuwenden, welches in IETF RFC 5246 [52] spezifiziert ist, zusätzlich gelten die in RFC 6066 [54] spezifizierten Erweiterungen. Zur Gewährleistung der Interoperabilität bei gleichzeitiger Schonung von Ressourcen in Steuergeräten werden Einschränkungen unter anderem bezüglich der Chiper-Suite gemacht. Die Ladesäule muss mindestens die beiden Suiten

- TLS_ECDH_ECDSA_WITH_AES_128_CBC_SHA256
- TLS_ECDHE_ECDSA_WITH_AES_128_CBC_SHA256

aus dem IETF RFC 5289 [53] beherrschen. In dem Fahrzeugsteuergerät muss nur eine der beiden implementiert sein. Den Entwicklern steht es frei, weitere Chiper-Suiten zu implementieren. Detailliertere Informationen zur TLS-Verschlüsselung der ISO 15118 sind im Standard [21] und in [40] aufgeführt.

V2G Transfer Protocol (V2GTP)

Auf dem Session-Layer wird das für die ISO 15118 definierte V2G Transfer Protocol eingesetzt. Gegenüber bekannten Transfer Protokollen wie HTTP oder FTP ist es sehr schlank gehalten. Kern des V2GTP ist der Header, welcher die Art der Nachricht, die im Body transportiert wird, definiert. Innerhalb des Bodies können nur SDP oder V2G EXI Messages enthalten sein. Eine Session-Verwaltung findet in diesem Sinne auf dieser Ebene nicht statt, diese ist in die Applikationsebene verlagert.

SECC Discovery Protocol (SDP)

Das SECC Discovery Protocol basiert auf UDP und dient dem Austausch von Informationen, die den Aufbau einer TCP- beziehungsweise TLS-Verbindung zwischen dem EVCC und dem SECC ermöglichen. Diese Informationen umfassen die IP-Adresse, die Portnummer des SECC sowie ein Flag, ob eine TLS-Verschlüsselung aufgebaut werden soll.

Efficient Extensible Interchange (EXI)

Das Efficient Extensible Interchange (früher: Efficient XML Interchange) Format ist eine binäre Repräsentation von strukturierten Daten. Das Format reduziert die benötigte Bandbreite und ermöglicht den direkten Zugriff auf die Nutzdaten ohne Rückwandlung in das Ausgangsformat (i. d. R. XML) . Die Reduktion der Daten basiert unter anderem darauf, dass häufig vorkommende Strukturelemente über eine kürzere binäre Repräsentation kodiert werden als selten genutzte Elemente. Zur Bestimmung der Auftrittswahrscheinlichkeit der einzelnen Elemente nutzt ein EXI-Coder interne Transformationsregeln. Durch Schemata kann die Kodierung optimiert und die Datenmenge weiter reduziert werden, da die Informationen über den Aufbau der strukturierten Daten bei der Übertragung entfallen können. Bei der Verwendung von Schemata müssen beide Kommunikationspartner über die Strukturinformation verfügen, da sonst keine Dekodierung möglich ist. Die ISO 15118 nutzt den Ansatz mit vorab ausgetauschten Schemata zur Kodierung der Nachrichten, um besonders effizient die begrenzte Bandbreite des HomePlug Green Phy zu nutzen. Unter anderem aus diesem Grund sind die Nachrichten der ISO 15118 in einer „XML Schema Definition" (XSD) festgeschrieben. Im Standard wird das strikte Einhalten der Schemata erwartet. Die Übertragung von Nachrichten mit zusätzlichen Informationsteilen ist nicht vorgesehen. Zukünftige Versionen der ISO 15118 werden daher ihre eigenen EXI-Codecs, basierend auf neuen Schemata, benötigen. Diese und weitere Informationen zum EXI-Format sind unter [75, 76] und [21] zu finden.

Applikation

Die Schnittstelle zur Applikation ist als Zustandsautomat beschrieben, der die Reihenfolge der zu sendenden Nachrichten bestimmt. Neben der Reihenfolge sind sowohl Performance-Zeiten als auch Timeouts definiert, dargestellt und beschreiben im Anhang A.1 und der Abbildung A.1. Dabei gilt, dass eine Applikation die Nachricht innerhalb der Performance-Zeit senden soll. Beim Empfang soll die Applikation bis zum Timeout warten, bevor die Fehlerbehandlung und der Kommunikationsabbruch erfolgt. Für Aufgaben, die länger dauern können, ist es der Applikation erlaubt, die aktuelle Nachricht, mit einem Hinweis auf die andauernde Aufgabe, in einer Schleife zu senden. Hierbei ist jedoch das Timeout für die Kommunikationsetablierung zu beachten. Das Communication-Setup, welches zwischen `Link.Ready` des PLC-Chips und dem abschließenden Empfang der Nachricht `SessionSetupRes(ponse)` gemessen wird, darf nur 20 Sekunden dauern. Im DC-Fall sind noch maximale Zeiten für die Kabelüberprüfung und das Vorladen der Spannung definiert.

Die Kommunikation nach erfolgreichem SLAC, SECC-Discovery und TCP/TLS-Verbindungsaufbau gliedert sich in folgende Bereiche, die hier in der zeitlichen Reihenfolge aufgelistet sind:

- Kommunikationsaufbau
- Authentifikation und Freigabe
- Konfiguration des Ladevorgangs
- Ladeschleife
- Beendigung des Ladevorgangs und der Kommunikation

Die ISO 15118 deckt verschiedene Anwendungsszenarien ab. Die Unterteilung dieser Szenarien erfolgt zum einen nach der Authentifikation und zum anderen anhand des Stromtyps. Bei der Authentifikation wird zwischen „External Identification Means“ (EIM) und „Plug and Charge“ (PnC) unterschieden. Unter EIM fallen alle Authentifikationen und Bezahlmöglichkeiten, die nicht über das Fahrzeug funktionieren, wie zum Beispiel RFID-Karten, Mobil-Apps oder Kreditkartenleser. PnC ist die Identifikation und Authentifikationsmethode der ISO 15118. Hier kommen Vertragszertifikate zum Einsatz, welche im Fahrzeug geschützt hinterlegt sind. In der ersten Generation des Standards werden Gleichstrom, „Direct Current“ (DC), und Wechselstrom, „Alternating Current“ (AC), adressiert. In der zweiten Generation (aktuell in der Entwicklung) wird auch das Induktivladen und Rückspeisen von Energie in das Netz berücksichtigt. Für jede dieser Unterteilungen sind sogenannte „Message Sets“ definiert. Neben Botschaftspaaren, die speziell nur in einem Set vorkommen, wie zum Beispiel für das Prüfen des Kabels (CableCheck) und das Vorladen der DC-Spannung (PreCharge), kann sich auch die Struktur einer Botschaft ändern. Dies gilt zum Beispiel für alle Botschaften, welche ein Status-Element beinhalten, da sich diese bei dem AC- und dem DC-Fall unterscheiden.

Die Fehlerbehandlung des Protokolls ist restriktiv und einfach in ihrer Reaktion. Sobald ein Fehler in der Kommunikation auftritt, beendet das Fahrzeug die Kommunikation und den begonnenen Ladevorgang. Ladesäulen beenden bei einem Timeout die Kommunikation oder senden eine Response mit einem Fehlercode (`ResponseCode = Failed`) und beenden dann die Kommunikation. Hintergrund ist, dass im Fall eines Kommunikationsfehlers Gefährdungen für Fahrzeug oder Personen nicht auszuschließen sind. Explizit aufgeführte Fehler sind:

- Timeout beim Warten auf eine Nachricht
- Timeout eines Kommunikationsabschnitts
- Nicht erwartete Nachricht
- Abweichung zur Basiskommunikation
- Kommunikationspartner sendet einen Fehlercode

Die Wiederaufnahme der Kommunikation nach einem Abbruch ist nicht explizit in der ISO 15118 definiert. Zur Vermeidung von nicht zustande kommenden Ladevorgängen durch spontane, zufällige Fehler beim Laden lassen einige Hersteller eine gewisse Anzahl an Kommunikationsversuchen zu. Dies ist bei verschiedenen Modellen mit DIN SPEC 70121 Implementierungen zu beobachten.

2.5 Konformitätstest nach ISO 15118-4 und -5

Die ISO 15118-4 [23] definiert Konformitätstests für die ISO 15118-2, also für die oberen OSI-Level (4-7). Die Tests der OSI-Schichten 1 bis 3 werden von der ISO 15118-5 [24] abgedeckt, diese definiert somit die Tests für die ISO 15118-3. Die ISO 15118-4 setzt für die Konformitätstests voraus, dass die Implementierungen der verwendeten standardisierten Protokolle vorab auf Konformität überprüft sind. Daher nutzt die Norm einen Top-Down-Ansatz und fokussiert sich bei der Testdefinition auf den Ablauf des ISO 15118 Protokolls. Erste Definitionen eines Konformitätstest für die ISO 15118 beziehungsweise deren Draft-Versionen entstanden in dem EU-Projekt PowerUp [46, 47] und dem Projekt eNterop (gefördert durch das BMWI) [7]. Die Ergebnisse der Projekte flossen in die Entwicklung der ISO 15118-4 und -5 ein, welche im Februar 2018 veröffentlicht wurden. Die Testdefinition der ISO 15118-4 wurde in TTCN-3 geschrieben und implementiert. TTCN-3 ist eine spezielle Programmiersprache für Tests und ist als ETSI TTCN-3 standardisiert [69]. Die Tests wurden händisch entsprechend den Anforderungen der ISO 15118-2 erstellt. Ein Testcase der Norm besteht aus `Configuration`, `PreCondition` und einem `Expected behavior`. Die `Configuration` definiert, welche Software und Hardwareteile des Testsystems benutzt werden. Die `PreCondition` definiert in der Regel welche anderen Testcases direkt zuvor ausgeführt werden müssen. Die `Expected behavior` beinhaltet die Stimuli wie auch die erwartete Reaktion des System under Test, sowie gegebenenfalls eine `PostCondition`. Somit beinhalten Testcases das Senden und Empfangen einer Nachricht. Durch Aneinanderreihung der Testcases entstehen Abläufe, die ebenfalls Teil der Norm sind. Der Schwerpunkt der ISO 15118-4 liegt auf dem korrekten Ablauf des Protokolls.

Auch die Tests der ISO 15118-5 sind in TTCN-3 definiert. Ein zentrales Thema ist in diesem Teil der Normenreihe die Konformität des SLAC-Protokolls. Die ISO 15118-5 gewährleistet den Verbindungsaufbau auf den untersten drei Schichten des OSI-Modells.

2.6 COMPL$_e$T$_e$

Am Communication Networks Institute (CNI) der Technischen Universität Dortmund wurde die „COMmunication Protocol vaLidation Toolchain“ (COMPL$_e$T$_e$) entwickelt. Diese dient der Validierung von Modellen zur Überprüfung von Spezifikationen und nutzt dazu den SPIN Model Checker. [10]

Eine Erweiterung der Werkzeugkette COMPL$_e$T$_e$ generiert aus dem Modell Testcases und Testabläufe in TTCN-3. Dazu wird aus einem Modell, das in der Unified Modeling Language (UML) modelliert ist, über verschiedene Transformationen ein SPIN-Modell erzeugt, welches mit zusätzlichen Negativtests („Trap-Properties") angereichert wird. Diese Negativtests werden durch automatisiertes Negieren von formalen Beschreibungen der Anforderungen erstellt. Aus den Pfaden durch das erweiterte Modell werden sogenannte SPIN Trails generiert, die anschließend durch Transformation in TTCN-3 Testabläufe mit entsprechenden Testcases umgewandelt werden. Angewendet wird diese Werkzeugkette zum Beispiel auf das SLAC-Protokoll. [11]
Hintergrundinformationen zum SPIN Model Checker bietet [66] sowie die Kurzeinführung [15].

2.7 Konformitätstests innerhalb von CharIn e.V.

CharIn e.V. ist ein Verein, der sich um die internationale Verbreitung des CCS bemüht. Innerhalb des Vereins existieren mehrere Arbeitsgruppen, genannt „Focus Groups". Eine dieser Fokusgruppen arbeitet daran, die vorhandenen kommerziellen Testsysteme untereinander vergleichbar und kompatibel zu machen. Dazu wird unter anderem ein einheitliches Testreportformat und eine einheitliche Anbindung von Leistungsgeräten an die Testsysteme definiert. Dies soll es ermöglichen, die Hardware der Testsysteme mit unterschiedlicher Testsoftware betreiben zu können. Aktuell arbeiten unter anderem die Firmen VERISCO GmbH, comemso GmbH, Scienlab electronic systems GmbH und Vector Informatik GmbH in dieser Fokusgruppe zusammen. [13]

2.8 TeSAm: Testgenerierung aus Zustandsautomaten

Das Programm TeSAm (Test Sequenz Automat) wurde im Rahmen zweier Dissertationen [1, 35] am FKFS entwickelt, um Testsequenzen für Steuergerätesoftware zu generieren. Zur Generierung analysiert das Programm UML-Modelle mit Zustandsdiagrammen. Das Programm sucht Pfade durch den Zustandsautomaten und erzeugt daraus, mittels der an Zuständen und Transitionen hinterlegten semiformalen Beschreibung der Funktion, die Testsequenzen. Die Übersetzung der semiformalen Beschreibung erfolgt mit Hilfe einer Symboldatenbank. Im Kapitel 4.1 wird auf die semiformale Beschreibung und die Modellierung in detaillierterer Weise eingegangen.

Bei der Pfadsuche kann TeSAm unterschiedliche Kriterien der Abdeckung berücksichtigen, hier der wortgetreue Auszug aus [35]:

- *Zustände: jeder Zustand wird mindestens einmal besucht*
- *Zustandsübergänge:*
  - *jeder Zustandsübergang wird mindestens einmal besucht*
  - *jeder Zustandsübergang wird durch einen Pfad, beginnend im Startzustand, besucht*
- *Ereignisse:*
  - *jedes Ereignis wird mindestens einmal ausgelöst*
  - *jedes gültige Ereignis wird mindestens einmal in jedem Zustand ausgelöst*
  - *jedes Ereignis wird mindestens einmal in jedem Zustand ausgelöst*
- *Aktionen:*
  - *jede Aktion wird mindestens einmal durchgeführt*
  - *jede gültige Aktion wird mindestens einmal pro Zustand und Zustandsübergang durchgeführt*
- *Wächter:*
  - *jeder Wächter wird nach wahr und falsch ausgewertet*
  - *jeder Wächter wird durch ein „maskiertes MC/DC[3]" [4] belegt*
  - *jede Belegung jedes Wächters wird vollständig abgedeckt*

Das Suchkriterium und die Anpassungen der Generierung für die ISO 15118 werden in Kapitel 4.3 erläutert.

[3]Modified Condition / Decision Coverage

3 Analyse der Fehlerpotenziale

Der erste und wichtigste Schritt beim Testen ist die Definition und Festlegung der Testspezifikation. Hierzu ermöglicht die Analyse der Fehlerpotenziale einer Kommunikation ein systematisches Vorgehen. Das Ergebnis der Analyse liefert in einem ersten Schritt einen Leitfaden zur Ermittlung der benötigten Prüffunktionen für die empfangenen Nachrichten. Aus den ermittelten Fehlerpotenzialen lassen sich in weiteren Schritten Stimulifunktionen beziehungsweise -nachrichten ableiten, da aus diesen Potentialen Hinweise auf notwendige und sinnvolle Fehlerinjektionen ersichtlich sind.

Die zu erwartende Vielzahl an potenziellen Fehlerinjektionen macht eine Auswahl und Beschränkung auf wenige, aber relevante, Fehler notwendig, um die Anzahl an Testfällen und damit die Dauer der Testdurchführung in einem vertretbaren Rahmen zu halten. In den folgenden Unterkapiteln wird die angewandte Vorgehensweise der Analyse mit der anschließenden Auswahl an Fehlerinjektionen für die Erweiterung von Konformitätstests für Kommunikationsprotokolle beschrieben.

3.1 Abstraktion der Applikationsschicht

Für die systematische Analyse der Kommunikation ist es vorteilhaft, das zugrundeliegende Kommunikationsprotokoll zu verallgemeinern und zu abstrahieren. Dazu werden drei Abstraktionsebenen eingeführt: der Ablauf, die Datenstruktur und die Daten. Dieser Ansatz wird in dieser Arbeit auf die Applikationsschicht beschränkt, da die ISO 15118-2 vorwiegend Anforderungen an diese Schicht beschreibt. In anderen Projekten, Protokollen oder Fragestellungen ist dieses Vorgehen gegebenenfalls auf die tieferen OSI-Schichten zu übertragen.

Die Ablaufebene einer Kommunikation wird in der Regel als Signalflussdiagramm oder Zustandsautomat dargestellt. Der Ablauf beinhaltet sowohl die Reihenfolge der Nachrichten als auch deren zeitliches Verhalten.

Die Botschaften eines Protokolls wiederum sind eindeutig in ihrer Struktur beschrieben. Diese Struktur ist in der ISO 15118 über ein XML-Schema definiert. Ein weiteres verbreitetes Strukturformat ist die JavaScript Object Notation (JSON),

F. Brosi, *Methode zur Erzeugung eines erweiterten Konformitätstests für Kommunikationsprotokolle am Beispiel der ISO 15118*, Wissenschaftliche Reihe Fahrzeugtechnik Universität Stuttgart, https://doi.org/10.1007/978-3-658-27533-4_3

das im Umfeld der Elektromobilität von der Open Charge Alliance für ihr Protokoll für die Kommunikation zwischen dem Ladepunkt und dem Backend, dem Open Charge Point Protocol (OCPP) ab Version 1.6 [42], eingesetzt wird. Die Botschaftsstruktur bestimmt den komplexen Aufbau aus einzelnen Daten, welche die dritte Ebene – die Daten- oder Informationsebene – bilden. Dieser Ebene sind auch die Basisdatentypen zugeordnet, da diese elementar für die Wertinterpretation sind. Die Basisdatentypen definieren die Interpretation der Bits und Bytes als Zahl, Buchstabe oder als ein anderes Symbol.

Jede dieser drei Abstraktionsebenen repräsentiert bestimmte Eigenschaften der Kommunikationsprotokolle. Wird eine Eigenschaft eines Protokolls verletzt, handelt es sich um einen Fehler und dieser kann wiederum einer der Abstraktionsebenen zugeordnet werden. Abbildung 3.1 zeigt die hier vorgestellte Abstraktion und die Zuordnung der Eigenschaften auf die Ebenen. In der Literatur sind ähnliche Ansätze zu finden, beispielsweise unterscheidet [73] nur zwischen Ereignissen und Daten.

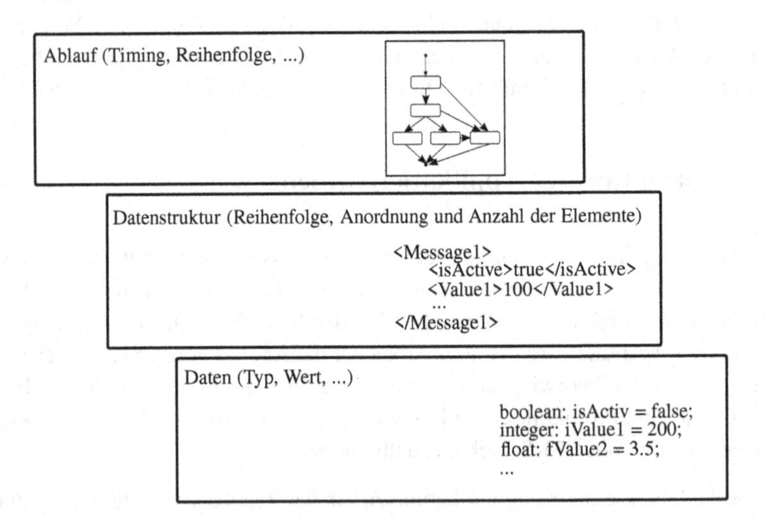

Abbildung 3.1: Protokoll Abstraktion

Mit Hilfe dieser Unterteilung in drei Abstraktionsebenen lassen sich Gut-Fall-Tests systematisch bestimmen und in Gruppen einteilen. Auf der Timing- und Ablaufebene wird das Zeitverhalten und die Reihenfolge der Nachrichten überprüft. Das SuT wird mit Nachrichten stimuliert, die in der richtigen Reihenfolge und innerhalb des Timings, also ohne Timeout, gesendet werden. Hierbei überprüfen die Gut-Fall-Tests auch sämtliche optionalen Abläufe. Das Timing wird dahingehend geprüft, ob das SuT Nachrichten akzeptiert, die gerade noch innerhalb des erlaubten Zeitfensters empfangen beziehungsweise vom Testsystem gesendet werden. Das SuT muss darüber hinaus Nachrichten, die es unmittelbar nach dem Versenden einer eigenen Nachricht empfängt, registrieren und auf diese antworten. Dieser zweite Fall stellt sicher, dass die Empfangseinheit des SuT für sehr schnelle Kommunikationspartner leistungsstark genug ist. Nach der Ausführung beider Testdurchläufe sind die beiden Grenzen innerhalb der Spezifikation des Timings abgeprüft.

Eine Verschärfung dieser Tests kann durch eine Verschlechterung der Randbedingungen erreicht werden. Hierbei sind insbesondere hohe Buslasten oder schlechte Dämpfungswerte der Kabel die wichtigsten Beispiele.

Die Datenstruktur, der an das SuT zu sendenden Nachrichten bei Gut-Fall-Tests, entspricht der Spezifikation. Ziel ist es, die Datenstruktur mit sämtlichen Variationen der Nachrichten zu prüfen. Sind Listen in der Struktur enthalten, so sind diese zumindest einmal mit der minimalen und der maximalen Anzahl an Einträgen bei den Tests zu verwenden. Eine Probe mit einer mittleren Anzahl an Elementen ist zu empfehlen. Insbesondere selten genutzte Optionen sind in die Tests zu integrieren, da diese in der Regel eine geringere Aufmerksamkeit bei der Entwicklung erhalten. Bei vielen optionalen Elementen der Struktur kann eine vollständige Strukturprüfung sehr viele Testfälle erzwingen. In diesem Fall ist eine geeignete Strategie zur gezielten Reduzierung des Testumfangs zu ermitteln und anzuwenden. Eine Überprüfung der empfangenen Nachrichtenstrukturen ist obligatorisch.

Auf der Datenebene muss eine weitere Unterscheidung zwischen drei Arten von Daten erfolgen:

- Verlaufsbeeinflussende Daten
- Zustandsabhängige Daten
- Frei wählbare Datenwerte

Die verlaufsbeeinflussenden Daten bestimmen über ihren Wert den weiteren Ablauf des Protokolls. Zum Beispiel bestimmt die Auswahl der Identifikationsmethode (EIM oder PnC), wie die Nachrichtenabfolge zur Identifikation aussieht. Im Fall von PnC ist eine zusätzliche Nachricht zum Austausch von Informationen zur Signatur nötig. Bei EIM wird dieses Nachrichtenpaar übersprungen.

Zustandsabhängige Daten spiegeln die momentanen Verhältnisse im sendenden System wider. Dies kann die aktuelle Position der Schütze sein, aber auch Strom- und Spannungswerte fallen darunter.

Die kleinste Gruppe der Datenwerte sind in der Regel die frei wählbaren Daten. Hier handelt es sich meist um für das technische System nicht relevante Informationen, die aber zusätzliche oder hilfreiche Informationen für den Nutzer darstellen. Beim Laden von elektrischen Fahrzeugen ist dies zum Beispiel die „State of Charge“ Angabe, die den Nutzer lediglich über den Fortschritt des Ladevorgangs informiert. Zu dieser Gruppe zählen im Falle eines Tests Anforderungswerte an den Kommunikationspartner, die dieser physikalisch liefern soll. Beim Gleichstromladen gehören die Sollwerte der Regelung, welche bei der Kommunikation vom Fahrzeug zur Ladesäule übertragen werden, zu dieser Kategorie. Die physikalischen Grenzen der beteiligten Partner sind bei der Werteauswahl zu beachten.

Für den Konformitätstest unterscheidet sich die Bestimmung der Werte für diese drei Datenarten. Für den Gut-Fall sind diese immer so zu wählen, dass diese innerhalb des gültigen Wertebereichs liegen und eine Beschädigung des SuT auszuschließen ist. Dies bedeutet, dass zum Beispiel Strom- und Spannungsgrenzen des SuT einzuhalten sind. Bei der Werteauswahl sind ebenfalls die Grenzen des Testsystems zu beachten. Beispielsweise ist ein mobiles Testsystem eventuell nicht in der Lage, den vollen elektrischen Leistungsbereich einer Ladestation abzuprüfen.

Verlaufsbeeinflussende Daten werden teilweise von der Ablaufsteuerung gesetzt, um gezielt den Verlauf des Protokolls zu beeinflussen und damit alle Zustände und Transitionen des Protokolls zu erreichen. Werden die verlaufsbeeinflussenden Daten nicht von der Ablaufsteuerung gesetzt, ist darauf zu achten, dass die Erwartungswerte und der erwartete Verlauf mit diesen Eingangswerten korrespondieren.

Die Werte von zustandsabhängigen Daten werden nicht vorab definiert, sondern aus dem Zustand des Testsystems übernommen. Der Zustand des Testsystems basiert dabei auf dem bisherigen Verlauf der Kommunikation und den empfangenen Daten. Das Testsystem emuliert oder simuliert dabei eine sich korrekt verhaltende Gegenstelle.

Bei der dritten Art, den frei wählbaren Daten, muss eine geeignete Auswahl erfolgen. Hier helfen etablierte Verfahren wie die Äquivalenzklassen oder die Klassifikationsbaummethode, beide beschrieben in [73]. Den Wertebereich einer Variablen oder eines Parameters in Klassen zu unterteilen und jeweils einen Repräsentanten dieser Klasse für das Testen auszuwählen, ist die Grundidee beider Methoden.

3.2 Der Fehlerraum der Kommunikation technischer Geräte

Für die systematische Analyse der Fehlerpotenziale wird der Fehlerraum der Kommunikation bestimmt. Dazu wird eine Kategorisierung der Fehler benötigt, welche mit der Abstraktion der Applikationsschicht (Kapitel 3.1) kombiniert wird. Dies ermöglicht ein systematisches Vorgehen bei der Identifizierung der Fehlerpotenziale und der Ermittlung geeigneter Schlecht-Fall-Stimuli. Das Vorgehen ist in Abbildung 3.2 dargestellt.

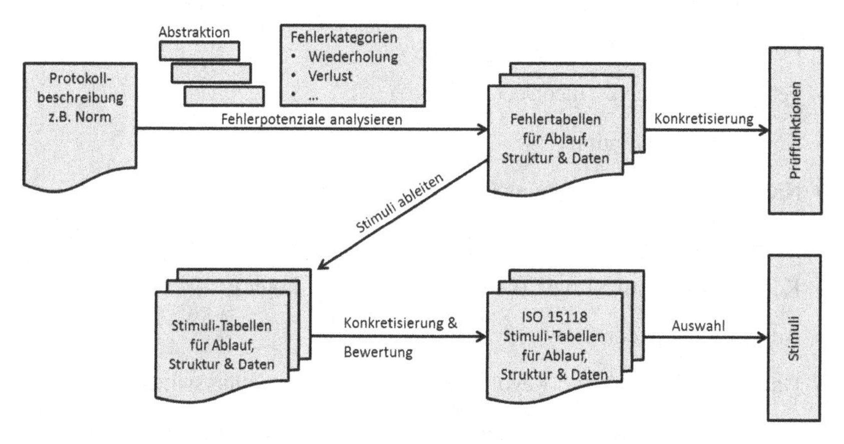

Abbildung 3.2: Vorgehen zur Analyse der Fehlerpotenziale

3.2.1 Fehlerkategorien

Für die Kategorisierung oder die Klassifizierung von Fehlern in Software und Kommunikation finden sich in der Literatur verschiedene Quellen, [2, 3, 37, 43, 67, 73] und [17]. Diese beziehen sich oft auf unterschiedliche Ebenen und unterscheiden sich in ihrem Fokus. Die Zielsetzung in diesen Beiträgen ist meist die Unterstützung bei der Erkennung und bei der Vermeidung von Fehlern im Betrieb, beziehungsweise einer Einordnung von auftretenden Fehlern zur schnelleren Auffindung der Ursache und Unterstützung des Qualitätsmanagements [78].

In dieser Arbeit wird die Kategorisierung dazu genutzt, die Testspezifikation systematisch zu erstellen und hierfür die nötigen Stimuli- und Prüffunktionen zu ermitteln. Für Kommunikationssysteme bieten sich für einen Fehlerkategorisierung Konzepte aus dem Umfeld der Service-orientierten-Architektur [2] oder der Komponenten basierten Software [37] an. Die Norm für funktionale Sicherheit von

Feldbussen IEC 61784-3 [17] beinhaltet ebenfalls eine Kategorisierung, welche sich als Grundlage für diese Arbeit anbietet. Für die ISO 15118 wird in dieser Arbeit eine Kategorisierung in Anlehnung an die IEC 61784-3 [17] gewählt. Entscheidend für diese Wahl ist die thematische Nähe der Feldbusse zur ISO 15118. Ein weiterer Vorteil für das weitere Vorgehen ist die Eindimensionalität der Einteilung der Fehler. Die Norm IEC 61784-3 listet folgende 10 Fehlerkategorien auf:

- Unerwartete Wiederholung (Unintended Repetition)
- Verlust (Loss)
- Einschub (Insertion)
- Fehlerhafte Sequenz (Incorrect sequence)
- Korruption (Corruption)
- Nicht akzeptable Verzögerung (Unacceptable Delay)
- Maskierung (Masquerade)
- Kontext / Semantik / Logik (Context / Semantics / Logic)
- Adressierung (Addressing)
- Ungenügender Speicher (Revolving memory failures within switches)

Die Kategorie ungenügender Speicher basiert auf der Annahme, dass eine konkrete Umsetzung eines Feldbusses mit Netzwerk-Switchen arbeitet, welche für die hohe Datenrate eventuell eine ungenügende Menge an Speicherkapazität besitzen. Dadurch können beispielsweise Datenpakete verloren gehen. Dieser spezielle Fehlerfall muss für eine Kategorisierung zu Hardwarefehlern, Hardwareunzulänglichkeiten oder Fehlern auf der physikalischen Schicht verallgemeinert werden. Die Adressierung der Kommunikationspartner findet in den unteren Schichten statt, zum Beispiel in den Protokollen TCP/IP. Aufgrund des in dieser Arbeit anvisierten Gesamtsystemtests und der damit einhergehenden Fokussierung auf die Applikationsschicht werden diese beiden Kategorien nicht weiter betrachtet. Damit verbleiben acht Kategorien (siehe Tabelle 3.1), in denen die potenziellen Fehler eingeordnet werden.

3.2.2 Der Fehlerraum der Applikationsschicht

Durch die Abstraktion der Applikationsschicht in drei Ebenen (Kapitel 3.1) in Verbindung mit den Fehlerkategorien (Kapitel 3.2) werden potenzielle Fehler einer Kommunikation ermittelt und kategorisiert. Anhand der Verschränkung dieser beiden Systematiken wird schnell klar, dass nicht jede Fehlerkategorie auf jeder Ebene vorkommen kann. Die Matrix in Tabelle 3.1 visualisiert diesen Zusammenhang. Dieses Wissen über den Fehlerraum erleichtert die systematische Ermittlung von potenziellen Fehlern und den daraus abzuleitenden Fehlerinjektionen.

Tabelle 3.1: Fehlerraum der Applikationsschicht

Fehlerkategorie	Ablauf	Datenstruktur	Daten
Unerwartete Wiederholung	X	X	
Verlust	X	X	
Einschub	X	X	
Fehlerhafte Sequenz	X	X	X
Korruption		X	X
Nicht akzeptable Verzögerung	X		
Maskierung	X		
Kontext / Semantik / Logik	X	X	X

Die Leerstellen der Matrix bedeuten, dass kein Fehler aus dieser Kategorie auf dieser Abstraktionsebene eines Protokolls zu ermitteln sein wird beziehungsweise auftreten kann. Dies steigert die Effizienz bei der Identifizierung der potenziellen Fehler, da die Suche sich auf die markierten Bereiche konzentriert.

Dieses Vorgehen kann auf alle OSI-Schichten angewandt werden, wobei sich die Ebene der Datenstruktur in der Regel nur in der Applikationsschicht als komplex erweist. In den unteren Schichten besteht die Struktur in der Regel aus einem Header und den Nutzdaten. Eine weitere Unterteilung der Nutzdaten auf den unteren Schichten findet selten statt. Für die Auslegung der Testspezifikation eines Konformitätstests der Applikationsschicht ist ein unterlagerter Zustandsautomat, wie zum Beispiel der des TCP/IP-Protokolls, ebenfalls nicht relevant. Dies gilt selbstverständlich nicht für die Interpretation von Auffälligkeiten oder beim Auftreten von Fehlern während des Tests.

In einem nächsten Schritt müssen für die Matrixeinträge konkrete Fehler gefunden werden, wobei die Vollständigkeit aller möglichen Fehler nicht erreichbar ist und auch nicht angestrebt wird. Es sollen möglichst realistische Szenarien oder solche mit großem Gefährdungspotenzial ermittelt und berücksichtigt werden.

Tabelle 3.2: Fehler der Ablaufebene

Fehlerkategorie	Ablauf
Unerwartete Wiederholung	SuT wiederholt eine Botschaft unberechtigt SuT wiederholt Teilsequenzen SuT startet unvermittelt neu
Verlust	SuT sendet eine Botschaft nicht; Botschaft geht bei der Übertragung verloren (z.B. in einem Switch)
Einschub	SuT sendet Botschaft eines anderen Use-Case (AC- /DC-Laden); SuT sendet Botschaft eines falschen Zustandes (Diagnose-Botschaften im Normalbetrieb; Nachrichten des Vor- /Nachlaufs im Normalbetrieb)
Fehlerhafte Sequenz	SuT sendet Botschaften in der falschen Reihenfolge, eines falschen Zustandes z.B.: vorhergehenden oder nachfolgenden Botschaft wird gesendet
Korruption	-
Nicht akzeptable Verzögerung	SuT sendet eine Botschaft nach Timeout
Maskierung	Die Nachricht stammt nicht vom SuT;
Kontext / Semantik / Logik	Die Botschaft passt nicht zum Use-Case; Die Botschaft passt nicht zum Zustand des SuT bzw. der Kommunikation (z. B. Freigabe, obwohl noch im Zustand Sicherheitsprüfung)

Wie aus der Tabelle 3.2 hervorgeht, ist die Zuordnung einiger Fehlerwirkungen teilweise nicht eindeutig und sie erscheinen daher in mehreren Kategorien. Beispielsweise sendet ein SuT eine Botschaft, die nicht zu dem aktuellen Zustand passt. Dann kann dies sowohl als Einschub, wie auch als fehlerhafte Sequenz, sofern die Nachricht zur Norm gehört, angesehen werden. Diese Uneindeutigkeit ist ein Nachteil dieses Vorgehens, da es zu Mehrfachnennungen von Fehlern führen kann. Trotz dieses Nachteils hilft diese Systematik bei der Ermittlung von potenziellen

Fehlern und unterstützt die Testentwickler durch das klar strukturierte Vorgehen. Die Tabellen 3.3 und 3.4 zeigen ermittelte potenzielle Fehler für die Datenstruktur und die Daten-Ebene auf.

Tabelle 3.3: Fehler der Datenstruktur

Fehlerkategorie	Datenstruktur
Unerwartete Wiederholung	Ein Datum oder eine Substruktur ist wiederholt zu finden
Verlust	Es fehlt ein Teil der Nachricht
Einschub	Ein nicht zur Botschaft gehörendes Datum oder eine Substruktur sind enthalten; Ein Datum ist in der falschen Ebene eingeschoben
Fehlerhafte Sequenz	Die Reihenfolge der Elemente ist falsch; Die Reihenfolge von Start- und Endtags bei geschachtelten Strukturen ist falsch (z.B. vertauscht)
Korruption	Es fehlen Teile der Nachricht, z.B. Start- oder Endelemente von Botschaftsstrukturen sind nicht vorhanden (bei XML: invalides XML durch Fehlen eines Start- oder Endtags)
Nicht akzeptable Verzögerung	-
Maskierung	-
Kontext / Semantik / Logik	SuT sendet Datenstruktur eines falschen Use-Case; SuT sendet Botschaft eines anderen Standards; SuT sendet Botschaft, deren Informationen von Header- und Payload nicht zusammenpassen

Für eine konkrete Testspezifikation sind diese allgemein formulierten Fehler der drei Abstraktionsebenen explizit auf ein entsprechendes Kommunikationsprotokoll zu übertragen, um die Liste an nötigen und sinnvollen Prüffunktionen zu ermitteln. Für Negativ- oder Provokationstests können nun aus den Fehlerpotenzialen in einem weiteren Schritt die entsprechenden Stimuli erarbeitet werden.

Tabelle 3.4: Fehler der Datenebene

Fehlerkategorie	Daten
Unerwartete Wiederholung	-
Verlust	Byte-Verlust (z.B. durch falschen Datentyp)
Einschub	-
Fehlerhafte Sequenz	Die Reihenfolge der Bits oder Bytes ist falsch, z.B. durch Wahl des falschen Daten-Formates (Intel oder Motorola, Little- oder Big-Endian)
Korruption	Bitkipper (im Speicher des Empfängers); Daten wurden manipuliert
Nicht akzeptable Verzögerung	-
Maskierung	-
Kontext / Semantik / Logik	Vertauschte Daten (z.B. Spannung- und Stromwert sind vertauscht)

Die Tabellen erheben keinen Anspruch auf Vollständigkeit, sondern dienen dazu, das prinzipielle Vorgehen zu verdeutlichen. Das Vorgehen ist auf andere Kommunikationsschichten übertragbar, wobei die aufgeführten Fehler auf ihre Relevanz für die jeweiligen OSI-Schichten und deren Implementierungen zu überprüfen und gegebenenfalls anzupassen sind.

3.3 Stimuli-Ermittlung und Auswahl für erweiterte Konformitätstests

Konformität eines Systems bedeutet, dass sich dieses wie spezifiziert verhält. Im Falle eines Kommunikationsprotokolls heißt dies, dass der Informationsaustausch wie spezifiziert stattfindet. Bei einem Konformitätstest für die Kommunikation wird die Datenübertragung des zu testenden Systems auf Einhaltung der Spezifikation, der Konformität, überprüft. Um das System zum Senden zu animieren, wird es mit Stimuli beeinflusst, welche innerhalb der Spezifikation liegen. Ob hierbei Grenzwerte oder sonstige Repräsentanten der Werte-Klasse verwendet werden, obliegt einer Testspezifikation beziehungsweise dem Testdesigner. Ergänzt werden diese Positivtests meist mit einigen Negativtests, bei denen die Stimuli außerhalb der Spezifikation liegen. Der Timeout eines zu erwartenden Ereignisses wird im

Allgemeinen geprüft, in dem das Ereignis je einmal vor und nach der zu prüfenden Zeitdauer ausgelöst wird. Im ersten Fall sollte die Kommunikation wie spezifiziert weiterlaufen, im zweiten Fall sollte die spezifizierte Reaktion auf das Timeout auftreten.

Jedoch wird nicht für jede Grenze der Spezifikation ein Negativtest zur Überprüfung der Konformität gefordert. Der Umfang eines Wertebereichs muss von dem SuT verarbeitet werden können. Die Werte außerhalb des gültigen Bereichs sollten, sofern sich der Kommunikationspartner konform verhält, nicht empfangen werden und erfordern insofern auch keine zwingende Überprüfung im Rahmen eines Konformitätstests. Welche Negativtests in diesem Rahmen gefordert werden, hängt sehr stark von der Spezifikation der Kommunikation ab. Sind in der Spezifikation Reaktionen auf nicht konformes Verhalten eines Kommunikationspartners spezifiziert, sollten diese auch in einem Konformitätstests überprüft werden. Sicherheits- oder funktionskritische Spezifikationen, wie zum Beispiel Timeouts, sollten selbst ohne explizite Spezifikation einer Fehlerreaktion durch Negativtests abgesichert werden. Eine allgemeine Gültigkeit des Umfanges von Negativtests in einem Konformitätstest ist nicht festgelegt. Daher werden im Folgenden alle Negativtests als Erweiterung eines Konformitätstests betrachtet. Im Einzelfall sind diese jedoch durchaus Bestandteil einer Konformitätsprüfung.

Das Ziel dieser Erweiterungen ist es, die Robustheit und Anwendungssicherheit des SuT zu prüfen und damit zu erhöhen. Nach [65] wird ein zustandsbezogener Softwaretest zu einem Robustheitstest erweitert, indem versucht wird, in jedem Zustand alle Funktionen auszuführen. Bezogen auf eine Kommunikation wird dies so interpretiert, dass versucht wird, jede Nachricht in jedem Zustand zu senden. Der Konformitätstest eines Gerätes oder einer Implementierung sollte durch externe Experten erfolgen, um eine neutrale Bewertung zu erhalten. Die anvisierte Umsetzung der Tests erfolgt deshalb als Black-Box-Tests. Hierbei können jedoch keine Funktionen in den Zuständen des SuT ausgeführt werden. Als Alternative wird eine Auswahl von nicht zu erwartenden Nachrichten an das SuT gesendet, um ein Fehlverhalten des SuT zu provozieren, beziehungsweise die Fehlerreaktion zu kontrollieren. Je nach Protokoll und Spezifikation werden unterschiedliche Fehlerreaktionen des SuT erwartet, im Falle der ISO 15118 ist dies in den meisten Fällen ein Kommunikationsabbruch. Bei diesem Ansatz wird die Reaktion des SuT auf Kommunikationspartner, die sich nicht konform verhalten, überprüft. Die tatsächliche Auswahl der Testerweiterungen für ein bestimmtes Kommunikationsprotokoll sollte anhand des Risikos und unter Einbeziehung der Erfahrung des Testteams erfolgen. Mit stetigen Feldbeobachtungen steigen die Erkenntnisse und führen zur Verbesserung der Testspezifikation.

Eine neue Herangehensweise ist es, die Analyse der Fehlerpotenziale aus Kapitel 3.2 zu nutzen, um daraus die Stimuli der Negativtests abzuleiten. Dabei werden die potenziellen Fehler in Beschreibungen von Fehlerinjektionen durch das Testsystem umgewandelt. Dies kann durch den Vergleich der Tabellen 3.2 und 3.5 für die Applikationsebene nachvollzogen werden.

Tabelle 3.5: Fehlerstimuli der Ablaufebene

Fehlerkategorie	Ablauf
Unerwartete Wiederholung	Testsystem wiederholt eine Botschaft (unberechtigt) Testsystem wiederholt Teilsequenzen Testsystem startet neu
Verlust	Testsystem unterdrückt Versenden einer Botschaft (Timeout); Testsystem sendet die Botschaft des nachfolgenden Zustandes (innerhalb des Timeout)
Einschub	Testsystem sendet Botschaft eines anderen Use-Case; Testsystem sendet Botschaft eines falschen Zustandes
Fehlerhafte Sequenz	Testsystem sendet die Botschaft eines falschen Zustandes, z.B. Botschaft des vorhergehenden oder nachfolgenden Zustandes
Nicht akzeptable Verzögerung	Testsystem sendet Botschaft (kurz) nach dem Timeout; Testsystem sendet eine Botschaft ohne Verzögerung
Maskierung	Testsystem sendet eine Nachricht mit falschen IDs (Session -ID, Fahrzeug-ID, Ladestations-ID) einzeln oder in verschiedenen Kombinationen Testsystem sendet von einer zweiten Instanz Nachrichten mit identischen IDs (tiefere OSI-Schichten unterscheiden sich z.B. MAC, IP, ...)
Kontext / Semantik / Logik	Testsystem sendet eine Botschaft eines anderen Use-Case (PnC/EIM, AC/DC, Hoch-/Nachlauf, sendet Start obwohl noch nicht bereit, ...)

Die Tabellen 3.6 und 3.7 führen einige allgemein formulierte Stimuli der Applikationsschicht für die beiden Abstraktionsebenen Datenstruktur und Daten auf.

Dieses systematische Vorgehen führt zu einer sehr großen Anzahl an potenziellen Stimuli, so dass ein Auswahlverfahren notwendig ist, um den Testaufwand zu beschränken. Bei der Umsetzung eines Tests für ein konkretes Protokoll kann

Tabelle 3.6: Fehlerstimuli der Datenstruktur

Fehlerkategorie	Datenstruktur
Unerwartete Wiederholung	Einzelne Datenfelder werden doppelt eingetragen Eine Substruktur wird wiederholt
Verlust	Teile der Nachricht werden nicht gesendet (bei XML: valides XML)
Einschub	Zusätzliches Datum Zusätzliche Substruktur Ein Datum ist zusätzlich in der falschen Ebene eingeschoben
Fehlerhafte Sequenz	Elemente in vertauschter Reihenfolge senden
Korruption	Teile der Nachricht nicht senden (bei XML: invalides XML durch fehlendes Start-/Endtag)
Kontext / Semantik / Logik	Datenstruktur des falschen Use-Case wird verwendet (Botschaft des AC-Modus im DC-Modus vice versa); Eine DIN SPEC 70121 Botschaft wird bei einem Test der ISO 15118 verwendet (vice versa)

die Auswahl zum Beispiel entsprechend einer Fehlermöglichkeits- und einflussanalyse (FMEA) [5, 80] weiter eingeschränkt werden. Hierzu wird ermittelt oder abgeschätzt, welche Fehlerstimuli ein hohes Gefährdungs- oder Schadenspotenzial und eine hohe Auftrittswahrscheinlichkeit besitzen. Das Produkt aus Gefährdungspotenzial und Auftrittswahrscheinlichkeit ist als Risiko definiert [80]. Zur Minimierung der Testzeit sollten nur Stimuli mit hohem Risiko für einen erweiterten Konformitätstest ausgewählt werden. Die Risikobewertung und damit die Auswahl erfolgt auf Basis eines konkreten Kommunikationsprotokolls. Das nachfolgende Kapitel beschreibt diese Untersuchung für die ISO 15118-2.

3.4 Stimuli für den erweiterten ISO 15118 Konformitätstest

Nachdem die möglichen Fehlerinjektionen für einen erweiterten Konformitätstest ermittelt sind, muss diese allgemeine Betrachtungsweise auf ein konkretes Protokoll angewendet werden. Im Beispiel dieser Arbeit werden die Fehlerinjektionen auf die ISO 15118 übertragen. Im Folgenden werden das hierfür nötige Vorgehen und die dazugehörigen Gedanken erläutert und dargestellt. Da die ISO 15118 bis

Tabelle 3.7: Fehlerstimuli der Datenebene

Fehlerkategorie	Daten
Verlust	Senden mit falschem Datenformat: Single anstatt Double
Fehlerhafte Sequenz	Testsystem vertauscht High- and Low-Byte ($\Rightarrow$ 0x00FF $\rightarrow$ 0xFF00) Testsystem ändert Bit-Reihenfolge ($\Rightarrow$ 0b1010 $\rightarrow$ 0b0101)
Korruption	(keine Stimuli bei Black-Box-Tests auf Applikationsschicht)
Kontext / Semantik / Logik	Testsystem versendet vertauschte Daten (z.B.: Spannung- / Stromwerte) Listen mit Definitionslücken (z.B. nicht zusammenhängender Zeitbereich) Header mit Fehlermeldung aber Payload fordert normale Aktion (z.B. Schließen des Schützes) Werte liegen über propagierten Maximalwerten Werte liegen unter propagierten Minimalwerten

zur Applikationsebene reicht und die darunterliegenden Schichten nahezu allesamt standardisiert sind, wird ein Top-Down Ansatz für die Prüfung gewählt. Hierbei werden alle tieferen Schichten nur implizit durch den Test geprüft. Dieser Ansatz erfolgt unter der Annahme, dass die Implementierungen der Protokolle der unteren Schichten mindestens ihren jeweils zugehörigen Konformitätstests vorab unterzogen wurden. Die bestätigte Konformität der unterlagerten Protokolle ist daher Voraussetzung für die Durchführung der Tests.

Bei der Erweiterung des Konformitätstests zur ISO 15118 ist bezüglich der Fehlerinjektionen darauf zu achten, dass diese sinnvoll und umsetzbar sind sowie ein relevantes Risiko darstellen. Die Tabellen beinhalten konkretisierte Stimuli mit der abgeschätzten Wahrscheinlichkeit (W) und dem Schadenspotenzial (S). Die Abschätzungen erfolgen hier jeweils nur dreistufig, da dies für eine schnelle, erste Beurteilung des zu erwartenden Risikos ausreichend ist. Die Stufen sind dabei mit Leicht (L), Mittel (M) und Hoch (H) bezeichnet. Bezüglich der Bewertung des Schadenspotenzials ist zu erwähnen, dass mögliche Personen- oder Geräteschäden mit Hoch bewertet werden, ein Abbruch des Ladevorgangs hingegen als ein mittlerer Schaden für den Kunden eingestuft wird. Bei einer stärkeren kundenorientierten Ausrichtung sind die Auswahlkriterien entsprechend anzupassen. Wird die Wahrscheinlichkeit oder das Schadenspotenzial als Hoch oder beide als Mittel eingeschätzt, gilt dieses Stimuli als Kandidat für die sinnvolle Erweiterung des Konformitätstests.

Eine weitere Nebenbedingung bei der Stimuliauswahl besteht darin, dass die fehlerhaften Nachrichten vom SuT erkannt werden können. Die Komplexität dieser Anforderung wird anhand des folgenden Beispiels auf der Datenebene aufgezeigt. Angenommen das Testsystem vertauscht die Grenzwerte für den Strom und die Spannung, so ist dies für eine Ladesäule anhand der Protokollspezifikation nicht zu erkennen, da beide Zahlenwerte in einem ähnlichen Wertebereich liegen können. Zwar ist es wahrscheinlicher, dass der Zahlenwert des Grenzwerts der Spannung höher ist als der Grenzwert des Stroms, dies muss aber nicht der Fall sein. Aktuell ist bei Fahrzeugen eine nominelle Spannung von $400\,V$ verbreitet, wird eine Ladeleistung von $40\,kW$ wie beim VW eUP [74] angenommen, ergibt sich die Stromstärke zu $100\,A$. Trotz der sehr weiten Verbreitung von $400\,V$ mit Ladeleistungen von über $40\,kW$ sind Fahrzeuge mit niedrigerer nomineller Spannung nicht auszuschließen. Hat ein Fahrzeug beispielsweise eine nominelle Batteriespannung von $100\,V$ und soll dabei auch eine Ladeleistung von $40\,kW$ erreicht werden, sind $400\,A$ nötig. Diese $400\,A$ sind dabei noch von der Norm IEC 61851-1 Table 1 [18] abgedeckt. In Realität liegt die Grenze für das Laden bei der Stromtragfähigkeit der DC-Ladekabel. Bei aktuell im Markt verfügbaren gängigen Kabelmodellen liegt die Stromtragfähigkeit im Bereich von $200\,A$ [44]. Damit ist die Ladeleistung für ein $100\,V$ Fahrzeug auf $20\,kW$ begrenzt.

Darüber hinaus ist zu bedenken, dass unterhalb der Hochvoltgrenze von $60\,V$ (DC) die Sicherheitsanforderungen niedriger sind, beispielsweise fehlt die Notwendigkeit des doppelten Berührschutzes [81]. Somit sind Systeme mit einem $48\,V$ Bordnetz potenziell kostengünstiger herzustellen als aktuellen Systemen mit Hochvolt. Bezogen auf den maximalen $400\,A$ beziehungsweise $200\,A$ Ladestrom reduziert sich die Ladeleistung bei einem solchen System um mehr als die Hälfte gegenüber der $100\,V$ Beispielrechnung.

Der injizierte Fehler mit den vertauschten Grenzwerten kann somit erst bei einem Empfang von Sollwerten, welche die Grenzwerte verletzen, von der Ladesäule erkannt werden. Registriert wird in diesem Fall das Überschreiten des Grenzwerts und nicht das Vertauschen der Grenzwerte.

In einem weiteren Beispiel ist die Sollspannung und der Sollstrom vertauscht. Dies kann im Gegensatz zum Vertauschen der Grenzwerte von einem EVSE als SuT erkannt werden. Zum einen unterscheidet sich die Sollspannung zu Beginn des Ladens in der Regel nicht von der vorgeladenen Spannung aus dem Vorladeprozess[1]. Zum anderen startet der Ladevorgang bei den meisten Fahrzeugen bei einer Sollstromstärke nahe $0A$. Somit ist über den Verlauf der Werte eine Erkennung möglich, wobei dies in keinem der relevanten Standards (IEC 61851, ISO 15118) gefordert wird. Das Fahrzeug wiederum soll eine vertauschte Übermittlung von Ist-Spannung (EVSEPresentVoltage) und Ist-Strom (EVSEPresentCurrent) durch Vergleich mit den Sollwerten erkennen. Aus Eigenschutz muss es die Werte ebenfalls mit eigenen Messwerten vergleichen und gegebenenfalls den Ladevorgang abbrechen. Ein weiterer Testansatz bei der ISO 15118 ergibt sich daraus, dass mit den physikalischen Werten auch immer die Einheit mit übertragen wird. Ein Vertauschen oder Manipulieren der Einheit ist für das SuT leicht zu prüfen und in einen Testfall umzusetzen.

Tabelle 3.8: Fehlerstimuli der ISO 15118 Datenebene

Fehlerkat.	Daten	W	S
Verlust	Senden mit falschem Datenformat: Single anstatt Double	L	M
Fehlerhafte Sequenz	High- and Low-Byte vertauscht (Little- / Big-Endian)	L	M
	Bit-Reihenfolge verändern	L	M
Kontext / Semantik / Logik	Sollwerte für Spannung und Strom vertauscht (nur bedingt von einem SuT erkennbar)	M	H
	Einheiten vertauscht (Sollwert Spannung mit $[A]$ und Strom mit $[V]$ versendet (leicht erkennbar von einem SuT)	M	L
	PowerDeliveryRequest mit Fehlermeldung und PowerDelivery $= true$	M	H
	Anzahl an Listeneinträgen höher als propagierte Anzahl (z.B. Zählen ab Null statt Eins, MaxEntriesSAScheduleTuple < 1024)	H	L
	Listen mit Definitionslücken (z.B. nicht zusammenhängender Zeitbereich)	L	L
	Soll-Spannung (EV) über Maximalspannung (1. des EV; 2. des EVSE)	M	H
	Soll-Spannung (EV) unter Minimalspannung (EVSE)	L	H
	Soll-Strom (EV) über dem Maximalstrom (1. des EV; 2. des EVSE; 3. des Kabels)	M	H
	Maximalspannung (EV) unter Minimalspannung (EVSE) (Inkompatibilität)	L	H

[1] Anpassung der Spannungsniveaus zwischen Ladepunkt und Batterie zur Vermeidung von Lichtbögen beim Schließen der Schütze

Für die Datenebene der ISO 15118 wurden folgende Fehler-Injektionen, anhand dieser und ähnlicher Überlegungen, ermittelt und ausgewählt:

- Werte über dem separat übertragenen Maximalwert
- Falsche Einheiten

Auf der Strukturebene werden die Stimuli im Kontext zu den XML-Eigenschaften und im Zusammenspiel mit dem XML-Schema ermittelt. Wegen der sehr engen Verzahnung der XML-Struktur mit der genutzten EXI-Kodierung, beziehungsweise der Möglichkeit den EXI-Code auch direkt ohne explizite Dekodierung zu nutzen, müssen die Auswirkungen des EXI-Codes auf die Struktureigenschaften mit berücksichtigt werden.

Die Verwendung des EXI-Formats bietet die Möglichkeit, Fehler in der Botschaftsstruktur konsequent zu unterbinden. Dazu dürfen Implementierungen nicht-schemakonforme Nachrichten weder kodieren noch dekodieren. Da jedoch verbreitete Implementierungen von EXI-Encodern/Decodern auch im strikten „schema-informed grammar"Modus Nachrichten kodieren und wieder dekodieren, die nicht dem Schema entsprechen, müssen Tests die Konformität der Nachrichten prüfen. Sollte ein Testsystem selbst eine solche Implementierung verwenden, empfiehlt es sich eine XML-Validierung mittels des offiziellen XML-Schemas auf die dekodierten Nachrichten anzuwenden. Bei einer Robustheitsprüfung der Systeme durch die Stimulation mit fehlerhaft strukturierten Nachrichten, ist neben der Stimuli-Auswahl festzulegen, wie die EXI-Streams zu erzeugen sind. Hierbei stehen zwei Optionen zur Auswahl. Die EXI-Streams werden mittels des originalen ISO 15118 Schemas oder mit speziell angepassten Test-Schemata erzeugt. Bei der Kodierung von nicht konformen Nachrichtenstrukturen mit dem ISO 15118 Schema entstehen durch die nötigen zusätzlichen Strukturinformationen teilweise sehr lange EXI-Streams. Eine Gefahr langer Streams besteht darin, dass diese Buffer-Overflows im Empfangsspeicher provozieren, mit allen damit verbundenen Konsequenzen. Wird ein spezielles Test-Schema als Basis für die Kodierung verwendet, sind keine überlangen Nachrichten zu erwarten. Die Reihenfolge und damit die Zuordnung der Daten ist jedoch fehlerhaft. Aufgrund der EXI-Eigenschaften werden Nachrichten, die mit falschem Schema kodiert sind, auf der Empfängerseite erst als Nachrichten mit einer Schema-Abweichungen erkannt, wenn die Nachricht nicht mit der vorgegebenen Struktur des originalen Schemas übereinstimmt. Sind Elemente mit identischem Datentyp auf einer Subebene vertauscht, kann der Decoder keinen Strukturfehler erkennen. Werden innerhalb des Schemas zum Beispiel `EVTargetVoltage` und `EVTargetCurrent` vertauscht und einer der Kommunikationspartner verwendet dieses falsche Schema, ändert sich die Reihenfolge der Daten und die Elementnummerierung der beiden Elemente. Die Struktur bleibt dabei unverändert. Daher führt dieses Vertauschen zu falsch interpretierten Daten. Das Zielsystem kann dabei keinen Dekodierungsfehler feststellen. Das Nutzen dieses falschen Schemas hat somit denselben Effekt wie das Vertauschen der Zahlenwerte und Einheiten auf der Datenebene.

Der Aufwand für das Testsystem, ein oder mehrere weitere EXI-Schemata oder EXI-Coder zu entwickeln und zu verwalten, ist hoch. Da eine Vielzahl der Negativstimuli auch durch Vertauschen der Daten auf der Datenebene erzeugt werden können, wie im Beispiel beschrieben, ist es nicht sinnvoll, spezielle Testschemata zu entwickeln. Eine zumindest stichprobenartige Durchführung von Tests mit den Fehlerstimuli der Datenstrukturebene mit dem korrekten Schema ist dagegen sinnvoll. Hierbei ist insbesondere interessant, ob sich ein Buffer-Overflow auf dem SuT provozieren lässt und welche weiteren Konsequenzen sich daraus ergeben. Mit steigender Zahl an auf Konformität geprüfter Systeme im Markt, sinkt die Wahrscheinlichkeit auf ein System mit nicht ISO 15118 konformer EXI-Kodierung zu treffen, daher ist es langfristig ausreichend, das SuT mit relativ wenigen Strukturfehlern zu stimulieren, denn trotz der aufgezeigten Gefahren ist die Datenstruktur durch das EXI-Format gut geschützt.

Eine weitere Gefahr auf der Strukturebene besteht in konformen Nachrichten, welche aufgrund von Norm-Anforderungen in bestimmten Situationen oder Zuständen nicht erlaubt sind oder eine andere Struktur aufweisen. Als Beispiel dienen die Status-Substrukturen, die abhängig vom Message-Set AC oder DC unterschiedliche Informationen beinhalten. Es können also schemakonforme Nachrichten erzeugt werden, die jedoch nicht zu dem aktiven Message-Set passen. Da diese mit dem Schema übereinstimmen, werden sie auch von einem EXI-Decoder, der das Schema strikt einhält, nicht als fehlerhaft erkannt und führen gegebenenfalls zu einem nicht vorhersehbaren Verhalten des SuT. Dies bietet für die Fehlerinjektionen auf der Strukturebene einen Ansatz, welcher leicht umzusetzen ist aber ein erhöhtes Risiko für das SuT darstellt.

Die Betrachtung von Listen auf der Strukturebene ergibt, dass sich durch die Wiederholung der Subelemente kein Strukturfehler erzeugen lässt, abgesehen von der Missachtung der Minimal- oder Maximalanzahl an Listeneinträgen. Daher kommen bezüglich der Listen keine weiteren Fehlerstimuli auf der Strukturebene hinzu, da diese auch auf der Datenebene vorhanden sind.

Bei der Wahrscheinlichkeitsbewertung bezüglich des Auftretens eines einem Stimulus entsprechenden Fehlers im Feld wird berücksichtigt, dass mit den XML-Schemata ein wirksames und einfach zu nutzendes Tool zur Prüfung der Nachrichten zur Verfügung steht. Es wird erwartet, dass die Entwickler ihre Implementierungen gegenüber diesen Schemata prüfen. Daher ist die Mehrheit der Stimuli

Tabelle 3.9: Fehlerstimuli der ISO 15118 Datenstruktur

Fehlerkat.	Datenstruktur	W	S
Unerwartete Wiederholung	Einzelne Datenfelder werden doppelt eingetragen	L	M
	Eine Substruktur wird wiederholt	L	M
Verlust	Teile der Nachricht werden nicht gesendet (bei XML: valides XML)	L	M
Einschub	Zusätzliches Datum	L	M
	Zusätzliche Substruktur	L	M
	Ein bekanntes Datum ist zusätzlich in einer falschen Ebene eingehängt	L	L
	Zusätzlicher Listeneintrag (über maximaler Elementenanzahl)	L	M
	Zusätzlicher Listeneintrag (gegenüber der propagierten Anzahl an Elementen) $\rightarrow$ Datenfehler	L	L
	Zusätzlicher Listeneintrag (Nach speziellen Endelement, z.B. Power-Schedule)	L	M
Fehlerhafte Sequenz	Reihenfolge der Elemente vertauscht z.B. in CurrentDemandReq die Parameter EVTargetCurrent und EVTargetVoltage tauschen	L	H
Korruption	Testsystem entfernt das Ende einer zu sendende EXI-Nachricht:		
	1. vor einem gültigen End-Element	L	L
	2. nach einem gültigen End-Element	L	M
	3. nach einem gültigen End-Element, schließt aber alle offenen Elemente	L	M
Kontext / Semantik / Logik	Datenstruktur des falschen Use-Case wird verwendet (Botschaft mit Status des AC-Modus im DC-Modus vice versa)	M	M
	Header und Payload von unterschiedlichen Botschaften (z.B.: Header von ChargingStatus und Body von CurrentDemand)	L	M

auf der Strukturebene mit einer niedrigen Wahrscheinlichkeit bewertet. Für die Strukturebene der ISO 15118 wurden daher folgende Fehlerinjektionen ermittelt:

- Die AC-Status-Struktur in DC-Nachrichten und die DC-Status-Struktur in AC-Nachrichten nutzen

- Nachrichten mit zusätzlichem Inhalt, um extra lange Nachrichten und damit Buffer-Overflows zu erzeugen

Bei der Betrachtung der Ablaufebene ist zu beachten, dass die ISO 15118-2 Requirements für das Timeout und den Empfang nicht erwarteter Nachrichten enthält. Daraus folgt, dass bei einem Konformitätstest diese Requirements zu testen sind und die dazugehörigen Negativstimuli in diesem Fall keine Erweiterung des Konformitätstests darstellen. Wird in jedem Zustand mit jeder nicht erwarteten Nachricht getestet, ist die Anzahl der Testfälle bedingt durch die Kombinatorik der 18 Nachrichtenpaare sehr hoch. Dies wiederum erhöht die benötigte Testlaufzeit erheblich, daher muss auch hier ausgewählt werden, welche Nachrichten als Fehlerinjektionen genutzt werden. Es gibt allerdings keine Anhaltspunkte, welche Nachrichten mit einer erhöhten Wahrscheinlichkeit in der falschen Reihenfolge zu erwarten sind. Zur Einschränkung werden für jeden Zustand die Nachrichten des Vorgänger- und Nachfolger-Zustands als Fehlerinjektion gewählt. Dies stellt sicher, dass jede Nachricht einmal als Fehlerinjektion verwendet wird. Weitere Nachrichten werden anhand ihres Schadenspotenzials ausgewählt. Der höchste Schaden kann bei Botschaften entstehen, über die die Spannung angelegt oder der Strom beeinflusst wird. Akzeptiert das SuT eine solche Botschaft und führt die Anweisungen entsprechend aus, liegt Spannung an, ohne dass die Voraussetzungen überprüft oder gegeben sind.

Für die Ablaufebene werden die folgenden Fehlerinjektionen für einen erweiterten Konformitätstests ausgewählt:

- Verzögerung des Sendens einer Nachricht über das Timeout hinaus
- Senden von Nachrichten des Vorgänger-Zustandes (unerwartete Wiederholung)
- Senden von Nachrichten des Nachfolger-Zustandes (fehlerhafte Reihenfolge)
- Senden von nicht erwarteten Nachrichten mit Gefährdungspotenzial (PowerDelivery, CurrentDemand, ChargingStatus)

Nach Auswahl der Stimuli für die Schlecht-Fall-Tests müssen diese in geeigneter Weise implementiert und ausgeführt werden. Wegen des umfangreichen Protokolls (18 Nachrichtenpaare mit jeweils mehreren Datenfeldern) wird eine Methode, die die Umsetzung unterstützt, benötigt. Diese Methode zur Unterstützung des Testentwicklers wird im folgenden Kapitel 4 vorgestellt.

Tabelle 3.10: Fehlerstimuli der ISO 15118 Ablaufebene

Fehlerkat.	Ablauf	W	S
Unerwartete Wiederholung	„Einzel"-Botschaft wird wiederholt (EV & EVSE)	M	M
	Testsystem wiederholt Teilsequenzen	L	L
	Testsystem als EV wiederholt Botschaft, obwohl das EVSE Processing Finished sendet	M	L
	Testsystem als EV oder EVSE wiederholt Botschaft, obwohl die Gegenstelle noch nicht geantwortet hat	M	L
	Testsystem startet Kommunikation neu (mit/ohne SLAC)	M	L
Verlust	Testsystem sendet eine Botschaft nicht (Timeout)	H	M
	Testsystem sendet die Botschaft des nachfolgenden Zustandes (innerhalb des Timeouts)	H	M
Einschub	Testsystem sendet Botschaft eines anderen Use-Case (siehe Kontext)	L	M
	Testsystem sendet Botschaft eines anderen („falschen") Zustandes (siehe Kontext oder fehlerhafte Sequenz)	M	M
	Testsystem sendet Botschaft aus DIN SPEC 70121	L	M
	Testsystem sendet Botschaft einer anderen Version der Norm (bspw. der 2. Generation der ISO 15118)	L	M
Fehlerhafte Sequenz	Testsystem sendet Botschaft eines anderen („falschen") Zustandes, z.B.: Botschaft des vorhergehenden oder nachfolgenden Zustandes	M	M
Nicht akzeptable Verzögerung	Testsystem sendet Botschaft nach der PerformanceTime	L	M
	Testsystem sendet Botschaft nach dem Timeout	L	H
	Testsystem sendet Botschaften ohne Verzögerung	L	H
Maskierung	Testsystem sendet eine Nachricht mit falscher ID (Session -ID, Fahrzeug-ID, Ladestation-ID)	L	M
	Testsystem sendet von einer zweiter Instanz (MAC- und IP-Adresse, Chip) die „richtigen" IDs	L	M
Kontext / Semantik / Logik	Testsystem sendet Botschaft eines anderen Use-Case (EIM / PnC, AC / DC), Beispiele: ChargingStatus statt CurrentDemand EIM-Test mit PaymentDetails PnC-Test ohne PaymentDetails AC-Test mit PreCharge und / oder CableCheck	L	M
	Testsystem sendet Botschaft eines anderen Zustands, Beispiel: Testsystem sendet PowerDelivery vor ChargeParameterDiscovery	M	H

4 Methode zur Erzeugung eines erweiterten Konformitätstest

Die hier vorgestellte Methode zur Erzeugung und Erweiterung eines Konformitätstests nutzt einen modellbasierten Ansatz. Aus der Beschreibung des Protokolls wird ein Basismodell abgeleitet, das den fehlerfreien Ablauf der Kommunikation beschreibt. Die Beschreibung dient auch als Grundlage für die Bestimmung der potenziellen Fehlerstimuli (wie in Kapitel 3 beschrieben). Zur Anpassung an verschiedene Testsituationen und „System under Tests“ wird eine Datenbank mit Testdaten verwendet. Die Struktur der Datenbank und erste Basisdatensätze werden ebenfalls aus der Beschreibung abgeleitet. Weitere Datensätze werden aus den potenziellen Fehlerstimuli ermittelt und ergänzt. Das Basismodell wird mittels verschiedener Algorithmen automatisiert um die vom Testentwickler ausgewählten Fehlerstimuli erweitert. Das daraus entstehende Testmodell wird automatisiert in Testsequenzen, unter Zuhilfenahme einer Symboldatenbank, übersetzt und mit der Ablaufsteuerung zur Ausführung gebracht. Das Vorgehen ist in Abbildung 4.1 vereinfacht dargestellt.

Das zugrundeliegende Modell wurde hierzu in der Unified Modeling Language (UML) erstellt. Aus diesem UML-Modell generiert das Tool TeSAm bei dieser Methode Testsequenzen mit den zugehörigen Testfällen. Eine Testablaufsteuerung bringt diese Testsequenzen bei einem Test zur Ausführung. Das Programm mit der Ablaufsteuerung stellt neben Basistestfunktionen auch individuell an die Testaufgabe angepasste und implementierte Testfunktionen bereit. Entsprechend der Modellierung rufen die Testfälle bei der Ausführung diese Testfunktionen auf. Die Testablaufsteuerung übernimmt bei der Ausführung auch das Erstellen des Testreports. Weitere Informationen und Details zur Testablaufsteuerung und den Testfunktionen sind in Kapitel 5.2 erläutert.

Die ISO 15118 beschreibt das Protokoll inklusive der Applikationsschicht, wobei die Norm für die unteren OSI-Schichten bekannte und etablierte Protokolle verwendet. Für die Prüfung der Konformität einer Kommunikation über alle sieben OSI-Schichten ist es sinnvoll, dies zusammen mit der Applikation, sofern verfügbar, zu testen. Die Applikation beeinflusst den Ablauf, das Zeitverhalten und die übermittelten Datenwerte bei der Kommunikation, deren Eigenschaften und Grenzen im Protokoll definiert sind. Die Konformitätsbewertung wird durch die Appli-

F. Brosi, *Methode zur Erzeugung eines erweiterten Konformitätstests für Kommunikationsprotokolle am Beispiel der ISO 15118*, Wissenschaftliche Reihe Fahrzeugtechnik Universität Stuttgart, https://doi.org/10.1007/978-3-658-27533-4_4

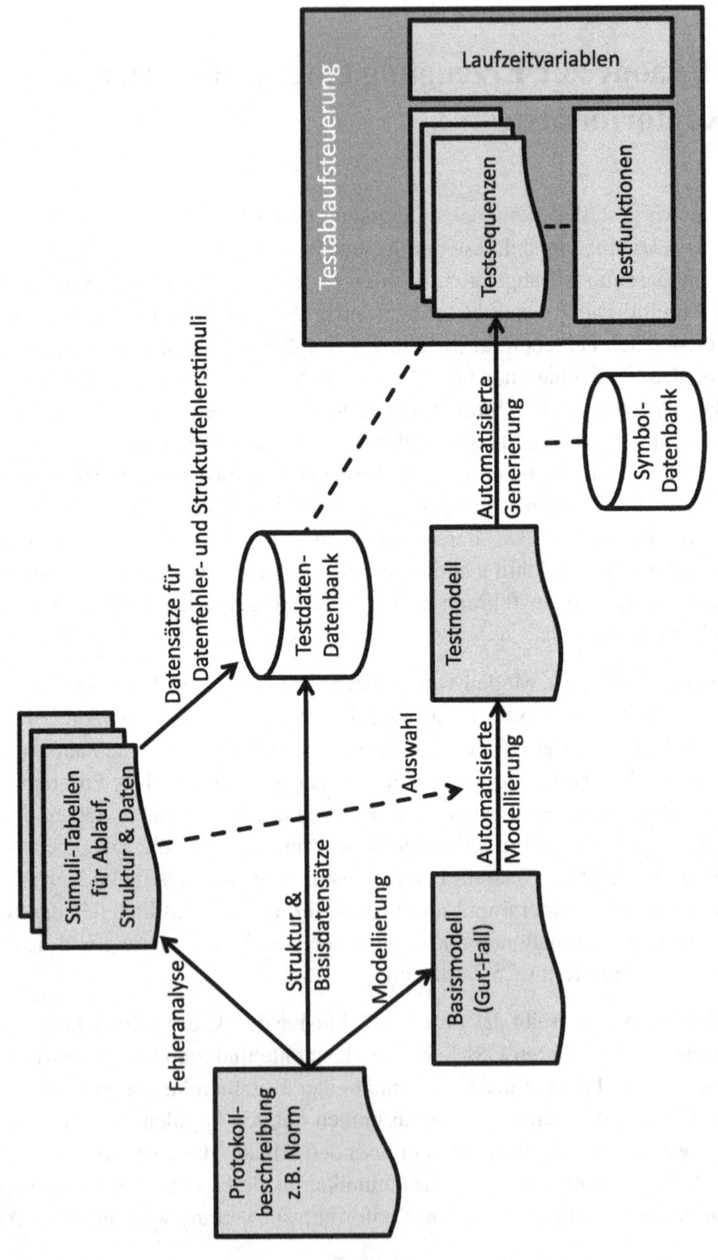

Abbildung 4.1: Übersicht der vorgestellten Methode

kation beeinflusst und es ist daher sinnvoll, die Kommunikation zusammen mit der Applikation zu testen.

Herstellern von Endprodukten bietet ein Black-Box-Test den Vorteil, dass nur wenige zusätzliche Informationen über die Umsetzung des Produkts zur Durchführung des Tests preiszugeben sind. Auch in diesem Fall wird die Kommunikation zusammen mit der Applikation und der Hardware geprüft.

Aus diesen Gründen zielt die hier vorgestellte Umsetzung des Tests darauf ab, eine Gegenstelle, inklusive implementierter Applikation, als SuT zu prüfen. Das Testsystem ist dabei als Remote Lower Tester ausgebildet und verfolgt einen Black-Box-Ansatz, der keine Information über die Implementierung des SuT benötigt.

Die Umsetzung fokussiert sich daher auf komplett aufgebaute Elektrofahrzeuge oder Ladesäulen als SuT und berücksichtigt auch die Basiskommunikation und die Stromflüsse. Eine Anpassung des Testszenarios auf Steuergeräteebene ist möglich [70]. Durch diese Fokussierung auf Gesamtsysteme und die Tatsache, dass die unteren OSI-Schichten durch etablierte Protokolle mit existierenden Konformitätstests umgesetzt sind, wird auf explizite Tests dieser unteren Schichten verzichtet. Die unteren Schichten werden aber bei einer Testdurchführung implizit mit getestet. Da hierbei eine unvollständige Prüfung mit Positivtests für diese Schichten erfolgt, wird die explizite Konformitätsprüfung der unterlagerten Protokollimplementierungen dringend angeraten.

Das für die Methode benötigte Modell wird als Gut-Fall-Modell händisch auf Grundlage der Requirements der Norm erstellt. Das Modell stellt dabei die Ablaufebene als Zustandsdiagramm dar. Dieses Modell dient in den folgenden Schritten, bei denen die Negativtests automatisiert hinzugefügt werden, als Ausgangsbasis.

Die Darstellung als Zustandsautomat ermöglicht es, alternative Abläufe einfach in die modellhafte Beschreibung zu integrieren, so dass ein Gesamtbild des Protokolls für einen Kommunikationspartner innerhalb eines Diagramms[1] entsteht. Darüber hinaus ist das ISO 15118 Protokoll im Standard ebenfalls als Zustandsautomat dargestellt, so dass eine Übertragung ins Modell aufgrund der Vergleichbarkeit eine geringe Fehleranfälligkeit aufweist. Durch den Ablaufautomaten ist im Modell die Reihenfolge der zu sendenden und zu empfangenden Botschaften entsprechend dem Standard festgelegt. Mittels geeigneter Parameterwerte erfolgt die Festlegung der Sendezeitpunkte, der Botschaftsinhalte sowie die Bestimmung der Vergleichswerte. Durch die Nutzung einer Testdaten-Datenbank erfolgt die Parametrierung des Tests direkt vor der Ausführung.

[1] Eine sinnvolle Unterteilung in mehrere Ansichten ist davon unberührt

Aufgrund des anvisierten Tests von Endprodukten sind einige Funktionen und Abläufe nur durch zusätzliche, nicht in der Norm definierte, Eingriffe erreichbar oder aufrufbar. Eine Beeinflussung der Applikation auf dem SuT ist, sofern überhaupt möglich, nur individuell realisierbar. Die für einen erfolgreichen Testdurchlauf notwendigen Voraussetzungen im SuT oder Eingriffe in das SuT sind ebenfalls im Modell hinterlegt. Da das Modell nicht an ein individuelles SuT angepasst werden soll, sind für die Adaption an das SuT Symbole für einen Variablenaufruf definiert. Die Ablaufsteuerung löst beim Aufruf der entsprechenden Variablen bestimmte Reaktionen aus, beziehungsweise ruft anpassbare Testfunktionen auf. Das Modell wird mit den Symbolen derart modelliert, dass in den generierten Testsequenzen diese Variablen an den entsprechenden Stellen gesetzt werden und die Funktionen aufgerufen werden. Für jedes SuT sind diese Funktionen individuell anzupassen und können vom manuellen Eingriff bis zur Automatisierung über eine Telemetrie- oder Diagnoseschnittstelle reichen. Ein Beispiel für solch einen notwendigen zusätzlichen Eingriff ist die Auswahl eines Services durch den Tester und der damit verbundenen Nutzung von `ServiceDetails`-Nachrichten.

Durch die automatisierte Erweiterung um Negativtests im Modell ergeben sich deutliche Vorteile gegenüber einer rein manuellen Modellierung und einer automatisierten Generierung der Negativtests aus Wächterbedingungen des Modells, wie zum Beispiel bei Brost [1] und Kiefner [35]. Bei dem hier vorgestellten Ansatz entfällt die Notwendigkeit, alle für den Test ausgewählten Negativtests manuell zu modellieren, da dies diverse Algorithmen (Kapitel 4.2) übernehmen. Weiter können die generierten Negativtestfälle im Modell überprüft und gegebenenfalls individuell angepasst werden. Ebenfalls kann die Gesamtheit der Testfälle besser im Modell nachvollzogen und überprüft werden, als in einem Quelltextformat wie TTCN-3 (vgl. ISO 15118-4 [23]) oder in ausformulierten, generierten Testsequenzen wie sie zum Beispiel von TeSAm erzeugt werden.

Der Unterschied der hier vorgestellten Methode zu den Arbeiten von Brost [1] und Kiefner [35] liegt in der Bestimmung der Testfälle. Dieser Unterschied wirkt sich auch auf eine veränderte Nutzung von TeSAm aus. Bei diesem Ansatz sucht TeSAm die Pfade und übersetzt die Testfälle ins Zielformat. Bei [1] und [35] werden die im Modell hinterlegten Wächterbedingungen ausgewertet und daraus Testfälle und Testsequenzen ermittelt und entsprechend generiert. TeSAm ermittelt aus den Wächterbedingungen entsprechend den logischen Verknüpfungen in diesen sowohl die Positivtests als auch die Negativtests. Eine explizite Definition der Reaktion auf die fehlerhaften Stimuli ist nicht im Modell hinterlegt. Die Reaktion oder Erwartungshaltung ist im fehlerfreien Fall, dass der Zielzustand der Transition mit der auszuwertenden Wächterbedingung erreicht wird. Die Erwartung bei einer Fehlerinjektion ist daher als das <u>Nicht</u>-Eintreten diese Zustandes definiert.

Dies ist für den Zustandsautomat einer Softwarefunktion legitim und ausreichend. Ein Nachteil dieses Vorgehens ist es, dass durch die Auswertung der Wächterbedingung bei der Generierung der Testsequenzen eine Überprüfung des Ergebnisses im Modell unmöglich ist. Zur Überprüfung und Bewertung der generierten Testsequenzen müssen die entstandenen Sequenzen analysiert werden. Aufgrund der in der Regel hohen Anzahl an Kombinationsmöglichkeiten kann von einem erheblichen Zeitaufwand ausgegangen werden.

Das von der TU Dortmund vorgestellte Verfahren COMPL$_e$T$_e$ generiert mittels einer Erweiterung ebenfalls aus einem UML-Statechart-Modell die Testfälle und Sequenzen. Negativtests, welche aus ausgewählten formalen Beschreibungen der Requirements erstellt sind, werden dem Prozess als zusätzliche Eingangswerte zur Verfügung gestellt. Die formalen Beschreibungen werden automatisiert negiert und so in Negativtests übersetzt, die als „Trap-Properties" in ein Zwischenmodell, ein SPIN-Modell, integriert werden.[11]

Im Unterschied zu der hier vorgestellten Vorgehensweise dient das dort genutzte UML-Modell nicht als alleinige Basis zur Generierung der Testsequenzen. Ebenso ist für die Bewertung der automatisiert erstellten Negativtests entweder ein Blick in das modifizierte SPIN-Modell oder den generierten TTCN-3 Code notwendig.

Der Konformitätstest nach ISO 15118-4 ist wiederum anforderungsorientiert manuell in TTCN-3 definiert. Dies ermöglicht die direkte Verwendung des Standards in einem TTCN-3-Ablaufprogramm. Durch die Verwendung des TTCN-3-Quellcodes und die Komplexität des Standards ist er für Personen, die selten TTCN-3-Code nutzen oder lesen, schwer zu überblicken und nachzuvollziehen. Der Vorteil des TTCN-3 Codes, dass dieser dank Standardisierung eine eindeutige Definition der TTCN-3 Befehle und Syntax besitzt, reduziert die Komplexität des Codes nur geringfügig. Während der Entwicklungsphase eines Protokolls mit häufigen Änderungen stellt eine manuelle Umsetzung von Tests eine Herausforderung dar, da jede Änderung im Protokoll auch in die Tests eingepflegt werden muss. Für eine entwicklungsbegleitende Testerstellung bietet sich ein händisches Vorgehen somit nur bedingt an, da Änderungen der Requirements sowohl in den Produktcode als auch in die Tests eingepflegt werden müssen. Dies bedeutet einen erheblichen Programmier- als auch Verwaltungsaufwand.

Im Gegensatz zu Testsystemen, die sich an der ISO 15118-4 orientieren, basiert die Implementierung dieses Testsystems auf einem modellbasierten Ansatz, welcher sich an der ISO 15118-2 orientiert. Dies liegt an der Historie dieser Methode und dieses Testsystems, da es parallel zur Definition der ISO 15118-2 entwickelt wurde. Aus diesem Grund existieren auch Modelle und Testabläufe für die frühen Versionen (DIS und FDIS) der ISO 15118. Es wird ein modellbasierter Ansatz gewählt, da eine schnelle und flexible Anpassung an Protokolländerungen gewährleistet sein muss, um Tests parallel zur Standardisierungsarbeit bereitstellen zu können. Ebenso wichtig ist die Akzeptanz des Tests bei Entwicklern und Testern. Zur Gewährleistung einer hohen Akzeptanz ist es wichtig, dass die Generierung von Testfällen und Testabläufen für die beteiligten, prüfenden Instanzen nachvollziehbar ist. Dies wird mit dem in diesem Kapitel vorgestellten Ansatz erfüllt.

Die drei Teilaspekte des Ansatzes werden in den folgenden Unterkapiteln beschrieben. Die Beschreibung startet entsprechend dem Vorgehen mit der Modellierung des Basismodells, führt über die Funktionalität der verschiedenen Negativtestalgorithmen zur Beschreibung des Generierungsprozesses der Testsequenzen.

4.1 Modelle zur Generierung von Testszenarien

Zur automatisierten Generierung der Testsequenzen benötigt TeSAm ein UML-Zustandsmodell. Für das gewünschte Verhalten der Such- und Interpretationsalgorithmen von TeSAm sind einige Richtlinien bei der Modellierung zu beachten; diese werden in diesem Kapitel kurz vorgestellt. Zum besseren Verständnis dieser Richtlinien folgen ein paar Hinweise zur Arbeitsweise der TeSAm-Algorithmen. Mit den hier vorgestellten Richtlinien ist es möglich, das Modell so zu gestalten, dass der gewünschte Verlauf und Umfang der Testsequenzen bei der Generierung erreicht wird.

Der Suchalgorithmus von TeSAm gibt nur vollständige Pfade durch das Modell als Testsequenzen aus. Vollständige Pfade sind diejenigen, die vom Startpunkt aus, über Transitionen und Zustände, den definierten Endpunkt erreichen. Sollte der Pfad zuvor enden, wird dieser Teil des Modells verworfen und nicht in eine Testsequenz übersetzt. Die Möglichkeit, in dem verwendeten UML-Tool das Zustandsdiagramm in mehrere Ansichten zu unterteilen, ist davon unberührt, solange die Verbindungen (Transitionen) zwischen den Zuständen im Hintergrund bestehen. Dies ist wichtig, da diese Eigenschaft genutzt wird, verschiedene Ansichten des Modells zu erstellen, um spezielle Aspekte optisch zu trennen und so die Übersichtlichkeit des Modells zu fördern und über den gesamten Entwicklungszeitraum zu erhalten. Insbesondere bieten sich diese Ansichten (Views) für die Modellierung von gleichartigen Fehlerstimulationen an. Solche Fehlerstimulationen enthalten nicht-konforme Stimuli, mit denen die Reaktion des SuT auf diese Stimuli geprüft wird.

Der Suchalgorithmus findet die Pfade durch den Zustandsautomaten und sortiert diese vor der Ausgabe. Pfade mit Fehlerstimulation werden an das Ende der Pfadliste gesetzt[2]. An den Anfang der Liste wird der kürzeste Pfad, der nur Positivtests enthält, gesetzt. Dies hat insbesondere zum Ziel, bei der Inbetriebnahme des Testsystems oder eines neuen SuT mit einem kurzen Testdurchlauf ohne Negativtest beginnen zu können. Dies dient zur schnellen Überprüfung, ob die Kombination aus Testsystem und SuT grundsätzliche Unzulänglichkeiten aufweist. Eine Unzulänglichkeit ist zum Beispiel ein falsch konfigurierter Spannungsbereich des Testsystems. Der Algorithmus erkennt die Pfade mit Fehlerstimulation anhand eines Markierungstags in den Zuständen oder Transitionen. Anschließend werden diese Pfade in der Reihenfolge der sortierten Pfadliste in die Testsequenzen umgewandelt und ausgegeben. Für die Umwandlung nutzt TeSAm die semiformalen Beschreibungen, die zu den Zuständen und den Transitionen hinterlegt sind. Hinterlegt werden diese semiformalen Beschreibungen in Constraint-Elementen, welche mit den Transitionen oder Zuständen verknüpft sind. In [35] folgte diese Beschreibung der Syntax „Ereignis[Wächter]/Aktion“. Für diese Arbeit erfolgt die Weiterentwicklung der Syntax, um innerhalb einer Beschreibung sowohl die Stimuli als auch die Prüfaufgabe eines Testfalles abzubilden. Die neue Syntax lautet:

```
Stimulifunktion[setzeVariablen] / Prüffunktion[prüfeVariablen]
```

Bei der Generierung der Testfälle wird die Reihenfolge der Stimulifunktion und das Setzen der Variablen getauscht. Bei der Ausführung eines Tests werden zuerst die Variablen gesetzt und dann wird die Stimulifunktion aufgerufen. Anschließend wird die Prüffunktion aufgerufen, bevor abschließend die explizit aufgeführten Variablen geprüft werden. Für den Test von Kommunikationsprotokollen kann die Stimulifunktion als Sendefunktion und die Prüffunktion als Empfangsfunktion betrachtet werden. Ein Beispiel folgt im Unterkapitel 4.1.2.

Die Übersetzung der semiformalen Beschreibung erfolgt mittels einer Symboldatenbank. Jedes Symbol aus den Beschreibungen muss daher in dieser Datenbank eingetragen sein und der zugehörige qualifizierende Name für das Ausgabeformat hinterlegt sein. Detailliertere Erläuterungen folgen in Unterkapitel 4.1.2. Im Unterschied zu der Modellierung in den Dissertationen [1, 35] wird auf die Wächterfunktionalität in der semiformalen Beschreibung verzichtet. Bei einer Wächterfunktionalität werden im Kontext eines Testmodells die beteiligten Variablen so gesetzt, dass die logische Verknüpfung erfüllt wird. Darauf folgt die Prüfung des Übergangs, also ob der nachfolgende Zustand eintritt. Die logischen Verknüpfungen enthalten dabei auch `Oder` und `Exklusiv Oder`. Dies wiederum eröffnet die Frage der nötigen Abdeckung für diese Transition beziehungsweise der Wächterfunktion. Das Ziel, eine Konformitätsprüfung, erfordert es sämtliche alternati-

[2] Alternativ ist eine vollständige Trennung der Ausgabe in Positiv- und Negativtests implementiert

ven Übergänge zu testen. Deshalb werden alle `Oder`-Verknüpfungen aufgelöst und hierfür separate Transitionen modelliert. Dabei werden für jeden Übergang die dementsprechenden Variablen und Parameter gesetzt.

Aus diesen Verhaltensweisen der TeSAm-Algorithmen leiten sich folgende Modellierungsrichtlinien ab:

- Ein Zustand muss immer Teil eines vollständigen Pfades von Start- nach Endelement sein
- `Oder`-Verknüpfungen werden auf zwei oder mehr Transitionen aufgeteilt
- Das Modell wird in verschiedene Ansichten aufgeteilt
- Transitionen und Zustände zur Prüfung mittels Negativtests werden mit einen Tag markiert
- Die semiformale Beschreibung wird in ein Constraint-Element eingetragen und mit der entsprechenden Transition oder dem entsprechenden Zustand verknüpft.

4.1.1 Modell der ISO 15118

Das Modell der ISO 15118 besteht aus zwei separaten Teilmodellen. Ein Teilmodell beschreibt den Ablauf der Kommunikation aus Sicht eines Fahrzeuges, das andere aus Sicht eines Ladepunktes. Die Modelle lehnen sich stark an die in der ISO 15118-2 abgebildeten UML-Modelle an. Jedoch wird aus den beiden einzelnen Darstellungen für das AC- und DC-Laden ein Modell erstellt. Zur späteren automatisierten Spezialisierung des Modells sind die Zustände und Transitionen, die nur für AC oder DC gültig sind, mit Tags markiert. Zur Beeinflussung der Pfadbildung wurden zusätzliche, über die Norm hinausgehende, Zustände eingeführt. Der `Wait for PowerDelivery`-Zustand wird in der Norm als ein einzelner Zustand dargestellt. Dabei unterscheiden sich die erlaubten Nachfolgezustände, je nachdem ob der `Wait for PowerDelivery`-Zustand vor oder nach dem Ladezyklus erreicht wird. Im Modell für die Testsequenzgenerierung ist dieser Zustand daher in mehrere Zustände aufgeteilt. Dieses Vorgehen löst zum einen ungültige Pfade durch das Modell auf und zum anderen erhöht dies die Übersichtlichkeit des dargestellten Ablaufs der Kommunikation.

Das hier vorgestellte Modell beinhaltet keine expliziten Tests des SLAC-Protokolls aus der ISO 15118-3. Da der Aufbau einer Kommunikation zwischen dem Fahrzeug und dem Ladepunkt aber das SLAC-Protokoll voraussetzt, ist eine Implementierung im Testsystem notwendig. Es wird weiter vorausgesetzt, dass bei der

Initialisierung eines Testablaufs der Verbindungsaufbau über SLAC auch durchgeführt wird. Bei jedem Start einer Testsequenz wird der SLAC damit implizit abgeprüft. Da hierbei keine Variation der Konfiguration des SLAC-Protokolls im Testsystem erfolgt, ist eine separate Konformitätsprüfung des SLAC-Protokolls zusätzlich notwendig.

Das Modell ist bezüglich des Datenabrufs so angelegt, dass das Testsystem bei der Initialisierung einer Testsequenz einen Basisdatensatz lädt. Ist in einem Testfall eine Abweichung von diesem Basisdatensatz erforderlich, so wird diese im Modell hinterlegt. Bei der Ausführung überschreibt das Testsystem entsprechend der Modellierung die zu ändernden Daten aus dem Basisdatensatz. Definiert sind diese Datenänderungen in den semiformalen Beschreibungen der Testfälle. Dabei werden entweder in den Anforderungen explizit erwähnte Größen gesetzt oder die ganze Nachricht wird neu gesetzt. In dem Bereich der Variablenprüfung werden vorwiegend die in den zugehörigen Anforderungen explizit erwähnten Werte zur Überprüfung definiert. In den semiformalen Beschreibungen des ISO 15118 Modells werden für die Stimuli- und Prüffunktionen die Symbole für Sende- und Empfangsfunktionen eingetragen.

Ein Vorteil der ISO 15118 für Testsysteme ist der konsequente Kommunikationsabbruch, sobald ein Fehler in der Kommunikation auftritt. Daher ist die Überprüfung der Fehlerreaktion und die damit einhergehende Modellierung einfach. Die Fehlerstimulation, eine Transition mit Constraint-Element, führt im Modell zu einem Fehlerzustand, welcher wiederum direkt über eine Transition mit dem Ende-Element verbunden wird. Der Fehlerzustand wird dem Modell dabei neu hinzugefügt. Es bietet sich an einen Fehlerzustand je Fehlerart einzuführen. Dies erleichtert die Orientierung im Modell. Ebenso hilfreich ist das Nutzen einer eigenen Ansicht für jede Fehlerart.

Da das Fahrzeug die Client-Rolle übernimmt und somit den Ablauf der Kommunikation bestimmt, ist die Prüfung der Ladesäule einfach zu realisieren. Im umgekehrten Fall muss das Testsystem als Ladesäule immer auf das Fahrzeug reagieren und bei alternativen Pfaden die Entscheidung des Fahrzeuges vorhersehen. Zur Lösung dieser Herausforderung gibt es zwei Ansätze.

Der erste Ansatz nutzt die `EVSE-Notification`, welche die Ladesäule an das Fahrzeug senden kann, um bestimmte Wünsche, wie zum Beispiel das Beenden des Ladevorgangs, zu übermitteln. Daher kann mittels der `EVSE-Notification` der Verlauf der Kommunikation in Grenzen beeinflusst und gesteuert werden. In diesen Fällen sind Vorhersagen bezüglich der nächsten erwarteten Nachricht möglich. Dieser Ansatz deckt den Großteil der optionalen Verläufe ab. Bei der Prüfung eines Ladepunktes ist bei der Bewertung der Testergebnisse die vom Testsystem empfangenen `EVSE-Notifications` gegebenenfalls zu berücksichtigen.

Der zweite Ansatz zielt darauf ab, das zu testende System über weitere Möglichkeiten zu beeinflussen, den Test also als Greybox-Test auszulegen. Dies ist möglich, sofern der Hersteller des Fahrzeuges über verschieden Maßnahmen das Verhalten des Fahrzeugs beeinflussbar gestaltet. Die zugehörigen Testfälle sind dazu mit Variablen modelliert, welche durch das Auslösen eines Events generische Funktionen aufrufen. Diese aufgerufenen Funktionen zur Beeinflussung des Fahrzeug sind an das jeweilige Fahrzeug anzupassen. Die Beeinflussung erfolgt dabei durch die manuelle Bedienung des Fahrzeugs durch den Tester[3] oder beispielsweise mittels eines Diagnoseeingriffs durch das Testsystem. Dies ist nur bei wenigen Situationen notwendig, zum Beispiel bei der Installation oder dem Update eines Zertifikats über die ISO 15118 oder beim Aufruf der Welding-Detection-Funktion[4].

In Abbildung 4.2 ist ein Teil des Modells für die Fahrzeugtests der ISO 15118 zu sehen. Für die Ladesäule ist das entsprechende Modell im Anhang in der Abbildung A.2 dargestellt. Dargestellt sind die Gut-Zustände des Zustandsautomaten mit den zugehörigen Transitionen. Die Transitionen sind zusätzlich mit den Requirement-IDs benannt. Dies ermöglicht eine schnelle und einfache Überprüfung des Modells auf korrekte Verknüpfungen mit den Constraints und auf Konsistenz gegenüber dem Standard. Der hier abgebildete Teil des Automaten wird für die Generierung aller Gut-Fall-Testsequenzen genutzt. Zwecks der Übersichtlichkeit des Bildes sind die zugehörigen Constraint-Elemente mit ihren semiformalen Beschreibungen der Testfälle im Bild nicht enthalten. Diese sind auszugsweise in der Abbildung 4.3 dargestellt. In diesem Auszug sind ebenfalls die Requirement-Elemente enthalten, deren Informationen zusätzlich bei der Generierung in das Zielformat mit übertragen werden, weitere Details folgen in Kapitel 4.3.

Der in Abbildung 4.2 dargestellte Teil des Modells und das entsprechende Pendant für die Ladepunkte (Abbildung A.2) dienen als Basis für die automatisierte Erweiterung des Modells mit Negativtests. Die Auswahl der Negativtests basiert auf den in Kapitel 3.4 ausgewählten Szenarien. Jedes Negativtestszenario wird dabei in einer separaten Ansicht abgebildet. Dies ermöglicht eine schnelle Prüfung der Ergebnisse der Algorithmen. Bei der parallelen Entwicklung der Testsequenzen zur ISO 15118 können durch das Anpassen des Basismodells und das wiederholende Ausführen der Algorithmen die Testsequenzen schnell auf einen neuen Stand gebracht werden. Die Gefahr, einzelne Negativtests bei der Anpassung an die Änderungen des Entwicklungsstandes der Norm auszulassen, wird durch die

[3] Hier die Person, die das Testsystem bedient

[4] Eine Funktion zur Erkennung eines verschweißten, nicht öffnenden Schützes

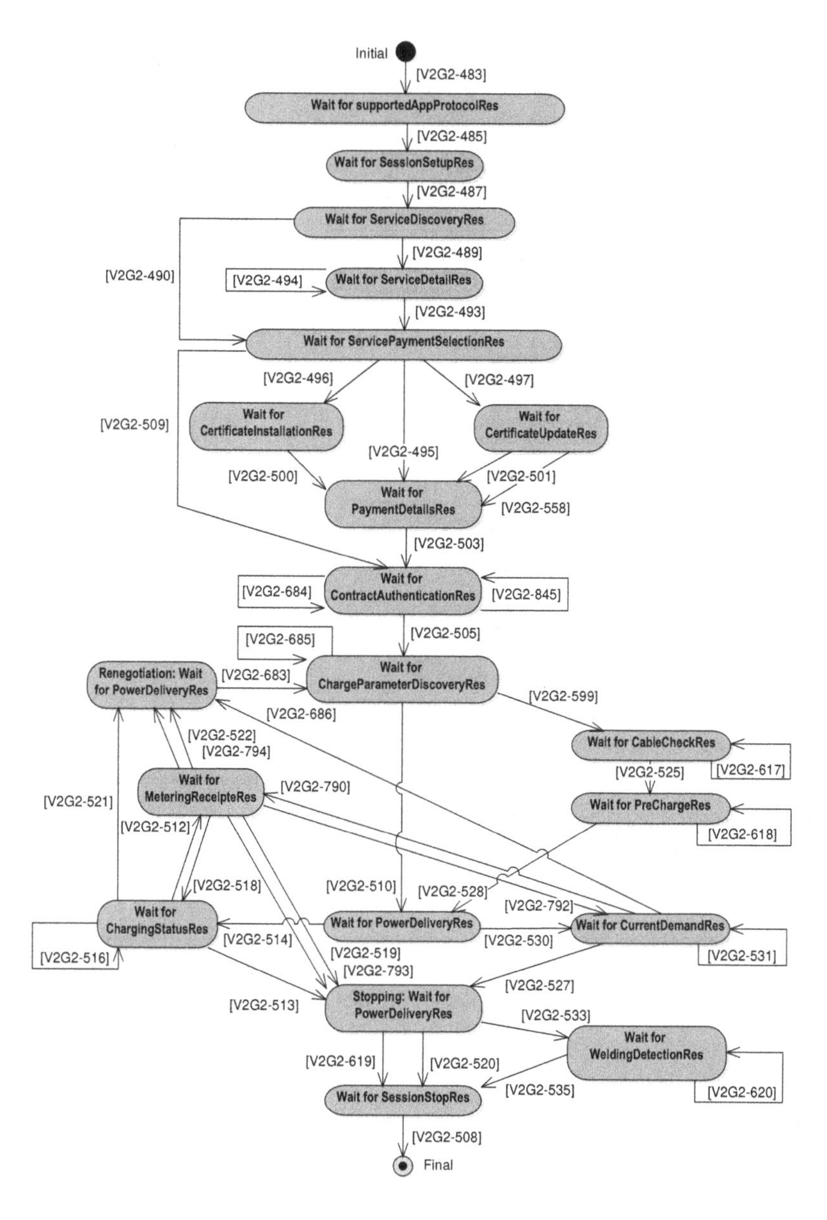

Abbildung 4.2: Teilmodell für Fahrzeugtests ohne Fehlerzustände und Constraints

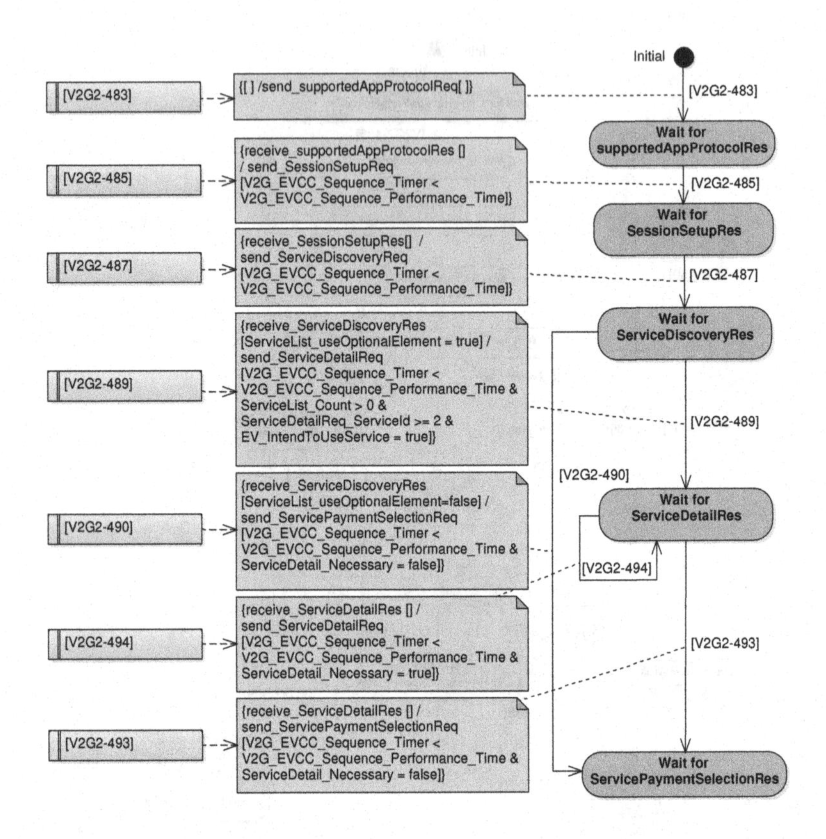

Abbildung 4.3: Ausschnitt der Modellierung eines Fahrzeugtests (funktionale Sicht, siehe Kap. 4.1.2)

Automatisierung vermieden. Die Beschreibung der einzelnen Algorithmen zur automatisierten Erweiterung mit Fehlerstimuli des Modells sind in Kapitel 4.2 aufgeführt.

4.1.2 Symboldatenbank

Für die Übersetzung des Modells zur Verwendung in einer Ablaufsteuerung ist eine Symboldatenbank notwendig. Bei der Generierung werden dabei die Symbole aus dem UML-Modell in die von der Ablaufsteuerung genutzten qualifizierenden Namen übersetzt. Dabei wird mit Hilfe von in der Datenbank hinterlegten Zusatzinformationen die Einhaltung der Syntax gewährleistet. Dies ist notwendig, da anhand der Symbole keine Informationen über die Datentypen der Variablen oder über die Parameterlisten der Funktionen ableitbar sind.

Eine weitere Option der Modellierung ergibt sich durch die Verwendung einer Symboldatenbank. Da mehrere Symbole auf denselben qualifizierenden Namen zeigen können, sind unterschiedliche Sichtweisen in einem Modell möglich. So kann sowohl eine funktionale Beschreibung der Kommunikation als auch eine Beschreibung des Test innerhalb eines Modell realisiert werden. Dies wird in einem theoretischen Beispiel verdeutlicht, bei dem die Anforderung

Nach dem Empfang des Requests (MsgReq) mit dem Parameter param1 = 2, sende das System die Response (MsgRes) mit dem Parameter param2 = 1 vor dem Ablauf des Timeout(2s)

in die semiformale Syntax für TeSAm übersetzt wird. Die funktionale Sicht im Modell lautet

```
receive_MsgReq[param1=2] / send_MsgRes[param2=1, timeout<2s]
```

mit der Testsichtweise wird die Anforderung zu

```
testSend_MsgReq[param1=2] /
testReceive_MsgRes[param2=1, timeout<2s]
```

Beide Sichtweisen führen zu dem folgenden Testfall mit der Syntax (Pseudocode):

```
set: param1 = 2;
fun_sendMsgReq();
fun_waitforMsgRes();
check: param2 == 1;
check: timeout_s < 2;
```

In der Symboldatenbank ist hierzu sowohl für das Symbol `receive_MsgReq` als auch für das Symbol `testSend_MsgReq` die Funktion mit dem qualifizierenden Namen `fun_sendMsgReq()` hinterlegt. Für die Symbole des Empfangs der Antworten `send_MsgRes` und `testReceive_MsgRes` gilt dies in derselben Weise in Verbindung mit der Funktion `fun_waitforMsgRes()`.

Die Option mehrere Sichtweisen zu nutzen ist vorteilhaft für Testentwickler und vereinfacht die Modellierung. Mit dieser Möglichkeit wählt der Testentwickler je nach Anforderungen oder eigenen Vorlieben die funktionale Sicht oder die Testsicht. Der sich dadurch erübrigende Wechsel der Sichtweisen vereinfacht das Modellieren. Die Option der mehreren Sichtweisen hat keine Auswirkungen auf die Testabdeckung, den die unterschiedlichen Sichtweisen führen zu generierten identischen Testcases. Aufgrund der angestrebten automatisierte Modellierung der Negativtests und der dadurch erzielten Minimierung der manuell zu erstellenden Tests wird auf die Umsetzung der Option verzichtet. Zumal die Umsetzung der Option einen erheblichen Mehraufwand bei der Implementierung der Algorithmen aus Kapitel 4.2 bedeutet. Insbesondere die Suche nach doppelten Testfällen gestaltet sich dabei aufwändig aufgrund des nötigen Abgleichs der Symbole.

4.1.3 Testdaten Datenbank

Neben dem Modell und der Symboldatenbank ist ein Satz an Testdaten für die Ausführung der generierten Testsequenzen notwendig. Die Daten umfassen hierbei sowohl Werte für das Zeitverhalten als auch für die einzelnen Nachrichteninhalte. Dies gilt sowohl bezüglich der Stimulidaten als auch für die entsprechenden zugehörigen Erwartungswerte. Zur Erhöhung der Abdeckung und für die variable Anpassung der generierten Sequenzen stellt eine Testdaten-Datenbank verschiedene Datensätze dem Testsystem zur Verfügung. Die Abbildung 4.4 stellt den systematischen Aufbau der in diesem Kapitel vorgestellten Testdaten-Datenbank dar. Die Abhängigkeiten der Tabellen untereinander sind ebenfalls dargestellt. Aus Gründen der Übersichtlichkeit sind die Tabellen, in denen Zeitwerte hinterlegt sind, nicht dargestellt. Diese Zeitentabellen sind unabhängig von den weiteren Tabellen.

Eine Herausforderung für die Datenbank ergibt sich aus der Unterteilung der Testdaten, wie in Kapitel 3.1 erläutert, in die drei folgenden Gruppen:

- Verlaufsbeeinflussende Daten
- Zustandsabhängige Daten
- Frei wählbare Datenwerte

Verlaufsbeeinflussende Daten sind von der Testsequenz zu setzen. Hier ist, sofern diese Datenwerte in der Datenbank hinterlegt sind, ein neutraler Wert abzulegen. Neutral bedeutet in diesem Zusammenhang, dass der Wert des Parameters nicht den Verlauf der Kommunikation beeinflusst. Falls ein explizites Setzen der Werte durch die Testsequenz nicht stattfindet, verhindert ein neutraler Wert in der Datenbank die ungewollte Beeinflussung des Ablaufs durch diese. Für die `EVSE-Notification` ist zum Beispiel der neutrale Wert `none`. Ähnliches gilt für

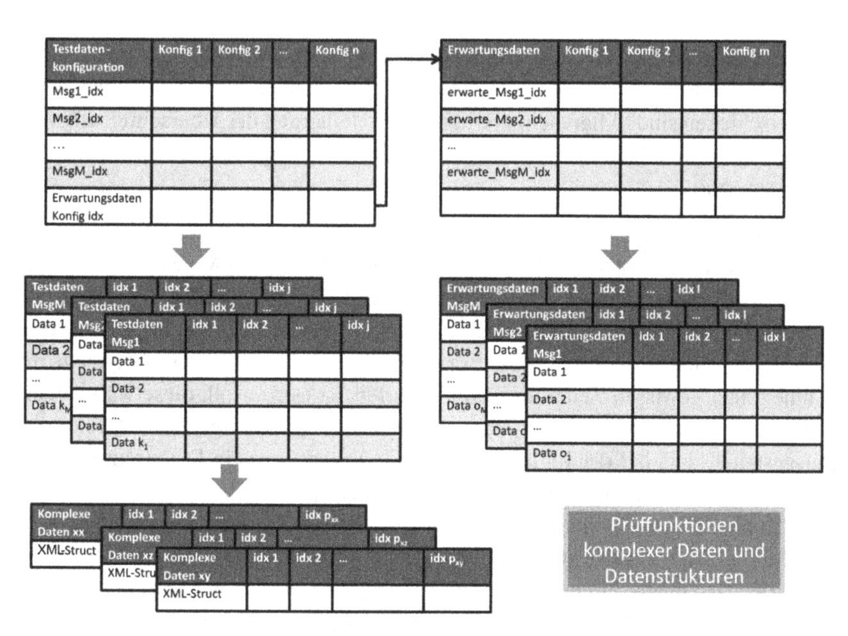

Abbildung 4.4: Schematik der Testdaten-Datenbank ohne die Zeitentabellen

die zustandsabhängigen Daten. Diese sind nach Möglichkeit vom Testsystem zu bestimmen und nicht aus einer Datenbank zu entnehmen. Daraus ergibt sich die Anforderung an die Datenbank, dass zusätzlich zum Datenwert ein Attribut zur Verwendung hinzugefügt wird. Dieses Attribut bestimmt, ob der Systemwert ersetzt oder manipuliert wird. Durch Eintrag eines mathematisch neutralen Elements bei einer Manipulation wird der Systemwert genutzt. Durch Eintrag eines anderen Wertes oder der Nutzung des Attributs zur Ersetzung definiert den Eintrag als Fehlerstimuli für Negativtests. Eine Markierung dieses Datensatzes als Negativtest für die Dokumentation und als Hinweis an weitere Nutzer der Datenbank ist obligatorisch.

Bei den wenigen frei wählbaren Daten ist nichts weiter zu beachten. Hierzu zählen Daten, die zusätzlich für Anzeigezwecke mit gesendet werden, wie zum Beispiel den State of Charge (SOC) Wert.

Bei der ISO 15118 existiert eine vierte Datenart: die optionalen Daten. Für diese ist in der Datenbank zusätzlich hinterlegt, ob sie zum Senden vorgesehen sind oder nicht. Zu beachten ist, dass die Ablaufsteuerung dies überschreiben kann. Im Modell ist zu diesem Zweck im Constraint ein zu den optionalen Daten korrespondierendes Flag als Parameter zu setzen. Die optionalen Daten müssen in der

Datenbank hinterlegt sein. Bei jeder Testsequenz ist ein vollständiger Basisdatensatz nötig, der auch die optionalen Daten enthält, falls diese in der Testsequenz zu verschicken sind. Allgemein gilt bei der Modellierung des Überschreibens von Datenwerten innerhalb des Ablaufes, dass die Erwartungswerte entsprechend anzupassen sind.

Die Erwartungswerte sind sehr stark vom Kommunikationsverlauf und den Systemgegebenheiten abhängig. Daher ist es sinnvoller spezielle Auswertefunktionen für die einzelnen Daten bereitzustellen. In der Datenbank sind daher die erwarteten Ergebnisse der Auswertefunktionen abgelegt. Wobei nur bei einem provozierenden Test ein negative Antwort als Ergebnis erwartet wird. Da Datenbankzugriffe immer einer gewissen Zeit zum Abruf bedürfen, ist es sinnvoll, diese während einer Testsequenz zu minimieren. Daher ist das hier zugrundeliegende Testsystem so ausgestaltet, dass bei der Initialisierung einer Testsequenz ein Datensatz für jede Nachricht vom System ausgelesen und zwischengespeichert wird. Die Summe dieser initialen Nachrichtendatensätze wird auch als Basisdatensatz bezeichnet. Um die Abfrage dieser Daten zu vereinfachen, ist eine zusätzliche Konfigurationstabelle in der Datenbank hinterlegt. In dieser Tabelle ist der Basisdatensatz über den Spaltenindex auszuwählen. In den Spalten der Konfigurationstabelle ist zu jedem Nachrichtentyp ein Schlüssel zu der Nachricht in der zugehörigen Nachrichtentabelle enthalten.

Dieses gängige Verfahren ermöglicht zudem die einfache Wiederverwendung der Nachrichten in verschiedenen Basisdatensätzen. Durch die Verwendung der Basisdatensätze verringert sich das Laden von Nachrichtendatensätzen während einer Testsequenz auf das Nachladen von Fehlerstimulidaten für ausgewählte Nachrichten. Hierbei greift das Testsystem beziehungsweise die Testsequenz über den vorab bekannten Index der Fehlerart auf diese Nachricht zu. Die Indexzuordnung darf sich im Laufe der Zeit nicht ändern, da sonst Diskrepanzen zwischen dem modellierten Aufruf und den gelieferten Daten sowie den erwarteten Reaktionen auftreten. Bei Ergänzungen der Datenbank ist es zur Vereinfachung der zugehörigen Modellierung sinnvoll, eine Fehlerart bei verschiedenen Nachrichten unter einem identischen Index abzulegen.

Innerhalb der Nachrichtenstrukturen der ISO 15118 sind einige komplexe XML-Strukturen definiert. Hierunter fallen insbesondere diverse Listen, welche sich gut für eine Wiederverwendung in verschiedenen Datensätzen eignen. Daher werden diese ebenfalls in einem eigenen Bereich abgelegt und durch Schlüssel in den Nachrichten angezogen.

Für die Bestimmung der Werte in der Datenbank bieten sich etablierte Verfahren wie die Klassifikationsbaummethode an. Auch Daten, die bei einer Auswertung von Mess- und Testaufzeichnungen bestimmt werden, können zukünftig in der Datenbank hinterlegt werden.

4.2 Automatisierte Fehlermodellierung

Das in Kapitel 4.1 vorgestellte Basismodell ergibt nach einer Testsequenz-Generierung einen Konformitätstest, der aus Positivtests besteht. Wie in Kapitel 3.3 erläutert, dient dies als Basis für die Konformitätsbewertung, sollte aber für den Nachweis der Robustheit gegenüber von außen eintreffenden Fehlern erweitert werden. Dieses Kapitel beschreibt dazu verschiedene Algorithmen und Methoden, um auf Basis des vorgestellten Modells schnell und fehlerfrei sowie wiederholbar die in Kapitel 3.4 bestimmten Fehlerstimuli zu modellieren. Dies ermöglicht eine anschließende Generierung der Testsequenzen inklusive dieser modellierten Negativtests.

Die hier vorgestellten Algorithmen dienen zur Modellierung der folgenden Negativtestfälle:

- Ablaufebene

  Verzögerung des Sendens einer Nachricht über den Timeout hinaus

  Senden von Nachrichten des Vorgänger-Zustandes

  Senden von Nachrichten des Nachfolger-Zustandes

  Senden von nicht erwarteten Nachrichten mit Gefährdungspotenzial

- Strukturebene (in Verbindung mit der Testdatenbank)

  AC-Status-Struktur in DC-Nachrichten nutzen

  DC-Status-Struktur in AC-Nachrichten nutzen

- Datenebene (in Verbindung mit der Testdatenbank)

  Werte über den separat übertragenen Maximal-Werten

  Falsche Einheiten senden

Zur Beibehaltung der Lesbarkeit des Modell folgen die Algorithmen einem identischen Vorgehen sowie den Modellierungsrichtlinien aus Kapitel 4.1. Dieses Vorgehen wird auch für ein manuelles Erweitern des Modells empfohlen, wenn weitere individuelle Fehlerfälle erwünscht sind. Im ersten Schritt wird bei diesem Vorgehen eine neue Ansicht im UML-Modell angelegt. In diese Ansicht werden die Gut-Zustände aus dem Basismodell als verlinkte Elemente kopiert. Zusätzlich wird dem Modell ein neuer Fehlerzustand hinzugefügt und in dieser neuen Ansicht angezeigt. Der Fehlerzustand unterscheidet sich von einem Gut-Zustand einzig dadurch, dass er mit dem Tag `Error` als Fehler markiert ist. Zwischen den in dieser Ansicht befindlichen Gut-Zuständen und dem neuen Fehlerzustand werden neue Transitionen mit neuen oder modifizierten Constraints hinzugefügt. Zum Abschluss wird eine Transition zwischen dem Fehlerzustand und dem Endelement `Final` eingefügt.

Da die Algorithmen unterstützend konzipiert sind und die Modellierung der Fehlersequenzen durch die Algorithmen manuell ausgelöst wird, sind Dopplungen von Testfällen nicht gänzlich auszuschließen. Ein Algorithmus zum Auffinden von doppelten Testfällen ist in diesem Kapitel beschrieben.

Die Algorithmen sind in Visual-Basic-Skript für das UML-Modellierungswerkzeug *Enterprise Architect* der Firma *Sparx Systems Ltd* realisiert. Die Umsetzung als Skript bietet den Vorteil einer schnellen und einfachen Anpassung an andere Protokolle oder an neue Anforderungen, da der Quellcode direkt vor der Ausführung geändert werden kann. Der Nutzer des Codes kann den Code selbst lesen, prüfen und ist somit in der Lage ihn nachzuvollziehen, sowie die Qualität des Codes zu bewerten. Dies erhöht die Akzeptanz der Algorithmen und steigert das Vertrauen in diese. Der Einsatz eines Versionsverwaltungstools für den Skriptcode und für das Modell zur Nachverfolgbarkeit von Änderungen und Anpassungen ist obligatorisch.

4.2.1 Verzögern des Sendens

Der Algorithmus soll Testfälle modellieren, die das Einhalten der Fehlerreaktion bei einem Timeout der einzelnen Nachrichten überprüft. Dazu wird das Senden der Nachricht des Testsystems bis zum Timeout verzögert. Durch die Signallaufzeit wird die Nachricht erst nach dem Timeout im SuT empfangen. Der Algorithmus startet mit der automatischen Erzeugung einer neuen Ansicht und eines entsprechenden Fehlerzustandes im Teilmodell. Danach wird jede von einem Gut-Zustand ausgehende Transition kopiert und zwischen ihrem Ausgangszustand und dem neuen Fehlerzustand eingefügt, wie in Abbildung 4.5 dargestellt. Links ist das Ausgangsmodell abgebildet und auf der rechten Seite die durch den Algorithmus modellierte Ergänzung dargestellt.

Die angehängte Constraint wird dabei ebenfalls kopiert, angepasst und zusammen mit der Transition wieder in das Modell eingefügt. Die Anpassungen beschränken

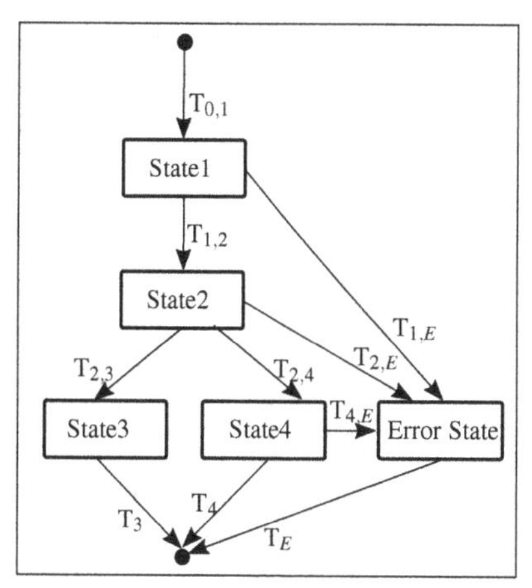

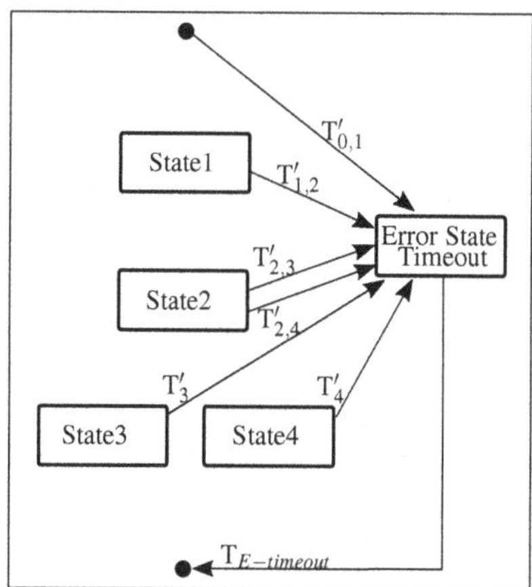

Abbildung 4.5: Algorithmus zum Verzögern des Sendens von Nachrichten

sich auf das Einfügen oder Ersetzen der Wartezeit bis zum Senden der hinterlegten Nachricht und das Ersetzen der Prüf- beziehungsweise der Empfangsfunktion. Die vorhandene Prüffunktion und die Variablenprüfungen werden im Kontext der ISO 15118 entfernt. Es ist somit keine Prüfung gegenüber einer Erwartung an dieser Stelle modelliert. Abschließend wird der Fehlerzustand mit dem Endelement mittels einer Transition verbunden. Diese Verbindung erhält eine neue Constraint, welche die Prüffunktion `CommunicationStop[]` enthält.

Die neue eingetragene Wartezeit wird aus der Testdatenbank bei der Testdurchführung ausgelesen. Hierdurch ergibt sich die Möglichkeit, die Verzögerung in diesen Sequenzen auch über das definierte Timeout hinaus zu verlängern, falls das System hier eine erhöhte Robustheit erkennen lässt. Für die ISO 15118 wird darauf verzichtet, da durch die großzügige Differenz zwischen den Performance- und Timeout-Zeiten die Robustheit im Standard genügend berücksichtigt ist.

Nach der Durchführung des Algorithmus bei der ISO 15118 ist eine manuelle Vervollständigung der Modellierung sinnvoll. Für jede zu empfangende Nachricht durch das Fahrzeug ist in der Norm ein Requirement für das Timeout enthalten. Für die Ladepunkte ist dies in dem Requirement mit der ID `[V2G2-537]` mit einem Verweis auf die Zeitentabelle definiert. Für die spätere Überprüfung der Testabdeckung und dem Anlegen einer Traceability-Matrix sind diese Requirements daher mit den entsprechenden Constraints zu verknüpfen. Wegen einer fehlenden erkennbaren Systematik der ID-Vergabe zu diesen Requirements ist das Verknüpfen nicht in den Algorithmus integrierbar. Dies kann als Vorteil betrachtet werden, da so das Ergebnis des Algorithmus zwingend einem Review unterzogen wird.

4.2.2 Senden von Nachrichten des Vorgänger-Zustandes

Dieses Skript modelliert Sequenzfehler, indem Nachrichten, die zum direkten Vorgänger eines Zustandes gehören, vom aktuellen Zustand aus versendet werden. Hierzu werden von jedem Zustand die von den Vorgängerzuständen kommenden, eingehenden Transitionen ermittelt. Diese werden inklusive Anweisungen kopiert und an den aktuellen Zustand als abgehende Transitionen angeheftet. Als neues Ziel bekommen diese Transitionen einen neu eingefügten Fehlerzustand mit dem Namen `Error State Previous Message`, wie in Abbildung 4.6 dargestellt.

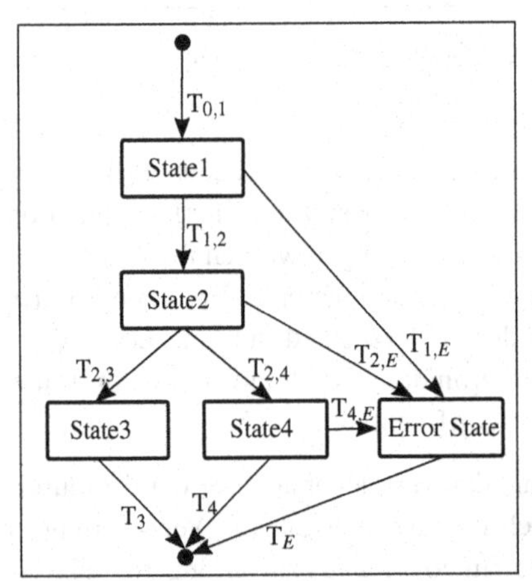

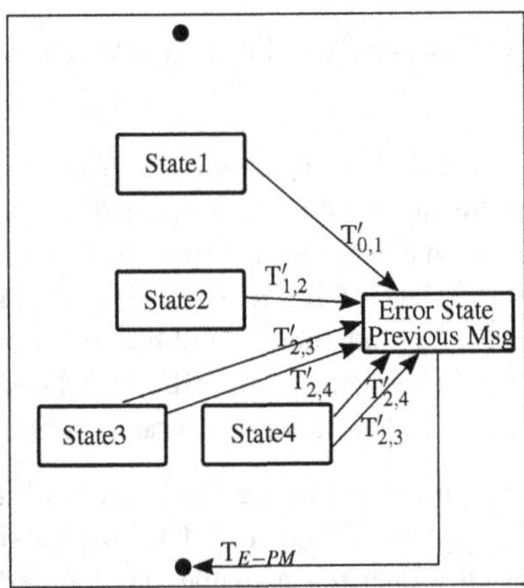

Abbildung 4.6: Algorithmus zum Senden von Nachrichten des Vorgänger-Zustandes

Im nächsten Schritt der Anpassung der semiformalen Beschreibung wird unterschieden, ob der Test für Fahrzeuge oder Ladepunkte konzipiert ist. In beiden Fällen wird die `Stimulifunktion` mit dem Bereich `setzeVariablen` der kopierten Transition beibehalten. Der Unterschied liegt in der Behandlung des Prüfabschnitts. Im Falle der Beschreibung für Fahrzeugtests wird dieser komplett gelöscht. Bei Tests des Ladepunkts wird die `Prüffunktion` beibehalten. Der Inhalt des Anweisungsteils `[prüfeVariablen]` wird komplett durch die Prüfung des `RespondsCodes` auf `FAILED_SequenceError` ersetzt. Abschließend erhält der neu eingefügte Fehlerzustand die obligatorische Transition zum Endelement. Diese Transition erhält die Anweisung zu prüfen, ob der Kommunikationspartner die

Kommunikation beendet. Das Symbol dieser Prüffunktion für die Beschreibung im Modell lautet `CommunicationStop[]`.

Wie schon an der Unterscheidung der Anwendungsseite durch den Algorithmus zu erkennen, werden verschiedene Fehlerarten je nach Zielsystem modelliert. Bei den Ladepunkttests handelt es sich um die Stimulation mit einem Sequenzfehler. Das Testsystem, welches in diesem Fall ein Fahrzeug emuliert, sendet die Nachrichten in einer falschen Reihenfolge. Bei den Fahrzeugtests wird bei dieser Modellierung mit den falschen Responses auf die vom Fahrzeug gesendeten Requests geantwortet. Hierbei wird die explizite Zuordnung der Nachrichtenpaare verletzt.

4.2.3 Senden von Nachrichten des Nachfolger-Zustandes

Ziel des Algorithmus ist die Erstellung von Testfällen durch das Versenden von nachfolgenden Nachrichten. Der Algorithmus sucht in dem Zustandsautomat zu jedem Zustand die über Transitionen verbundenen nachfolgenden Gut-Zustände. Dessen abgehende Transitionen, welche nicht in einem Fehlerzustand enden, werden inklusive der Anweisung dupliziert und an den aktuellen Zustand angeheftet. Das Ziel der neuen Transition wird auf einen neu erstellten Fehlerzustand mit dem Namen `Error State Next Message` gesetzt. Die semiformale Beschreibung des Testfalls wird analog zum Algorithmus des Kapitels 4.2.2 abhängig von der Anwendungsseite angepasst. Abschließend erhält der neu eingefügte Fehlerzustand die zwingend benötigte Transition zum Endelement. Die Prüfung der Beendigung der Kommunikation durch das SuT wird in der semiformalen Anweisung dieser Transition gefordert. Die Arbeitsweise des Algorithmus ist in Abbildung 4.7 visualisiert.

Die modellierten Fehlertypen entsprechen, wie im Abschnitt 4.2.2 `Senden von Nachrichten des Vorgänger-Zustandes` beschrieben, einem Sequenzfehler beziehungsweise der Missachtung der Request-Response Zuordnung.

4.2.4 Stimuli mit Datenfehler

Bei den Stimuli mit Datenfehlern sind bei der Kommunikation zwei zu erwartenden Reaktionen zu unterscheiden:

1. Das SuT erkennt innerhalb des aktuellen Kommunikationszustandes den Fehler und reagiert entsprechend sofort
2. Eine Reaktion auf die fehlerhaften Daten erfolgt erst im späteren Verlauf der Kommunikation

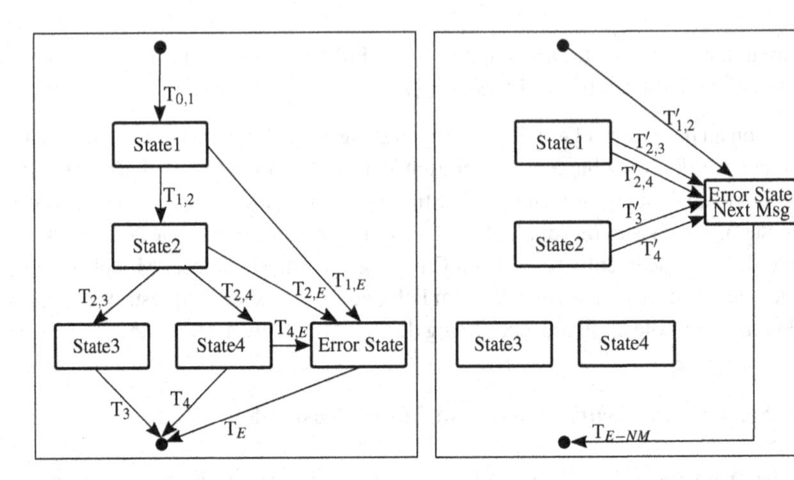

Abbildung 4.7: Algorithmus zum Senden von Nachrichten des Nachfolger-Zustandes

Der hier vorgestellte Algorithmus ist für den ersten Fall geeignet. Der zweite Fall wird mit Hilfe der Teilautomatisierung vorbereitend modelliert und anschließend manuell vervollständigt.

Der Algorithmus zur Erzeugung von Datenfehlerstimuli arbeitet ähnlich wie der Timeout Algorithmus. Voraussetzung für die Funktionsweise des Algorithmus, beziehungsweise der resultierenden Testsequenz, ist eine Testdatenbank, die nach den Beschreibungen des Kapitels 4.1.3 arbeitet und für einen Fehlerstimulityp einen identischen Index je Nachricht verwendet. Dieser Index wird dem Skript bei der Ausführung durch den Testentwickler übergeben. Nach dem obligatorischen Anlegen einer neuen Ansicht und eines Fehlerzustandes werden von jedem Zustand die abgehenden Transitionen inklusive der Constraint kopiert und zwischen dem ursprünglichen Zustand und dem Fehlerzustand eingefügt. Dabei werden Transitionen, die zu Fehlerzuständen führen oder Transitionen, die als Fehlerstimuli markiert sind, ignoriert. Bei der anschließenden Anpassung der semiformalen Beschreibung wird das Variablenfeld (`[setzeVariablen]`) der Constraint umgeschrieben. Nach der Anpassung ruft das Testsystem bei der Testdurchführung die Fehlerstimuli für die zu sendende Nachricht aus der Datenbank ab. Dies ersetzt die Daten für diese Nachricht des Basisdatensatzes. In das Variablenfeld schreibt der Algorithmus dazu eine Variable und weist dieser den Index des Fehlerstimulityps zu. Das Testsystem ruft eventbasiert beim Setzen der Variable die entsprechende Funktion zur Datenbankabfrage auf. Die Erwartungsfunktion wird abhängig vom SuT entweder auf den Kommunikationsabbruch (EV) oder das Senden der Response und anschließenden Kommunikationsabbruch (EVSE) gesetzt.

Da zwei Erwartungsfunktionen nicht mit der Syntax der semiformalen Beschreibung vereinbar sind, wird der Kommunikationsabbruch in das Constraint-Element, welches zur Transition vom neuen Fehlerzustand zum Endelement gehört, platziert.

Die Abbildung 4.8 zeigt das Ergebnis der Testgenerierung eines Datenfehler-Testpfades als Ablaufdiagramm in Verbindung einer Visualisierung der Datenbankzugriffe. Der Ablaufplan enthält die Testsequenz ohne Fehlerinjektion, auf die der Datenfehler-Algorithmus die Modellierung aufbaut. Die ausgegraut dargestellten Testcases sind in diesem Fehlerfall aufgrund der Fehlerinjektion nicht zu erreichen. Das Testsystem lädt bei der Initialisierung einer Testsequenz einen Datensatz für jede Nachrichten der Kommunikation. Danach läuft die Sequenz wie in der basierenden Testsequenz definiert ab. Beim erreichen des Testcase, welcher von der Datenfehler-Algorithmus mit einer Fehlerinjektion angepasst wurde, findet ein weiterer Datenbankzugriff statt. Dieser Zugriff lädt anhand des Nachrichtentyp und -index den zugeordneten Datensatz aus der Datenbank. Die Nachricht wird mit den neu geladen Daten verschickt. Das Testsystem erwartet daraufhin eine Fehlerreaktion des SuT, die mit den modellierten Prüffunktionen auf Korrektheit überprüft wird. Beendet wird die Testsequenz mit dem abschließenden Testcase, der die Kommunikation beendet.

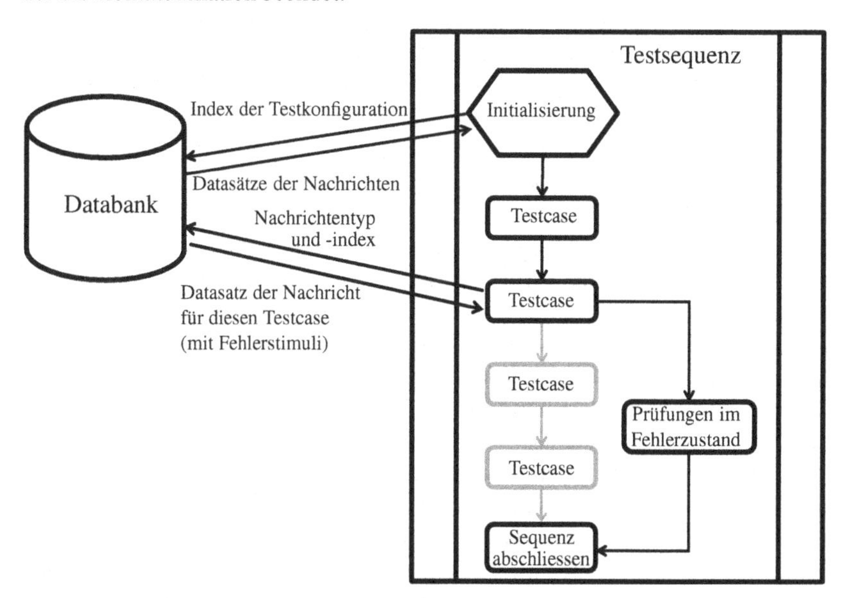

Abbildung 4.8: Ablaufdiagramm einer generierten Testsequenz mit Datenfehler

Jeder Fehlerstimulus in der ISO 15118 führt zu einem Kommunikationsabbruch. Für jede Fehlerart beziehungsweise jeden Fehlerindex pro Nachricht wird deshalb eine Testsequenz erzeugt. Daher ist es notwendig, gezielt Teststimuli auszuwählen und nur diese zu modellieren. Durch die automatisierte Modellierung und Generierung der Testsequenzen ist zwar der Aufwand diese zu erzeugen klein, jedoch summiert sich die Testlaufzeit für die entstehende Vielzahl an Testsequenzen.

Für Fahrzeugtests ist im Rahmen der Datenfehler ein weiterer spezieller Aspekt zu modellieren. Laut Standard[5] hat das Fahrzeug die Kommunikation abzubrechen, wenn die Ladesäule Response-Code `Failed` oder einen der anderen 21 definierten negativen Response-Codes zurückmeldet. Aufgrund der Nennung im Standard handelt es sich hierbei um einen Teil des Konformitätstests, der sich jedoch sehr gut für ein automatisiertes Ergänzen des Modells eignet. Eine vollständige Prüfung mit jedem Response-Code (4 OK , 22 Failed) bei jedem Gut-Zustand der Kommunikation ergibt eine sehr hohe Anzahl an Testabläufen. Die 18 Zustände mit den 22 Fehlercodes kombiniert ergeben 396 Testsequenzen, da nach jedem Abbruch der Kommunikation diese von Beginn an neu aufgebaut werden muss. Hinzu kommen die Fälle der drei speziellen `OK` Response-Codes (`OK_Certificate-ExpiresSoon`, `OK_NewSessionEstablished`, `OK_OldSessionJoined`), diese sind ausschließlich bei bestimmten Zuständen und Situationen erlaubt. In Tabelle A.2 beziehungsweise A.3 sind die Zuordnungen der Response-Codes zu den Zustände vermerkt. Die Durchführung aller Testsequenzen zu diesen Kombinationen ist bei einem Konformitätstests sehr zeitintensiv. Da eine stichprobenartige Prüfung an dieser Stelle als ausreichend erachtet wird, ist eine geeignete Stichprobenauswahl zu treffen. Für die Auswahl der Stichproben ist eine geeignete Strategie zu finden und in einen Algorithmus für die automatisierte Modellierung umzusetzen. Hierbei ist zu beachten, dass eine bekannte invariante Testsequenz unter Umständen dazu führt, dass ein Funktionsentwickler exakt diesen Fall implementiert und die übrigen Fälle außer Acht lässt. Deshalb sollte eine zufällige Stichprobe aus den Response-Codes ausgewählt werden. Der Wert kann per Zufallszahl bei der Durchführung des Tests ausgewählt werden. Für diesen Spezialfall wird daher der Datenfehleralgorithmus zweimal ausgeführt. Im ersten Durchlauf wird der Response-Code auf `Failed` ohne Zusatz gesetzt, dies deckt den Standardfall ab. Beim zweiten Durchlauf wird der Response-Code auf ein Symbol für eine qualifizierende Variable gesetzt, welche bei jeder Initialisierung einer Testsequenz per Zufallszahlenalgorithmus auf einen anderen Wert der verschiedenen `Failed` Response-Codes mit Zusatz gesetzt wird. Hierbei ist zu beachten, dass die Kombination aus gesendeter Nachricht und per Zufall ausgewähltem Response-Code nicht unbedingt zulässig ist. Diese Strategie limitiert die Anzahl der Testsequen-

[5] `[V2G2-486], [V2G2-488] usw.`

zen für diese Prüfung auf 36 Testsequenzen. Bei der Umsetzung dieses Spezialfalls greifen die hieraus generierten Testsequenzen nicht auf die Testdaten-Datenbank zu, sondern setzen den Response-Code direkt.

4.2.5 Teilautomatisierte Modellierung

Einige der ermittelten Testfälle lassen sich nicht oder nur schwer mittels eines Algorithmus vollständig im Modell umsetzen. Es wird zudem davon ausgegangen, dass im Laufe von Projekten, zum Beispiel durch Rückmeldungen aus dem aktiven Einsatz, weitere Testfälle hinzukommen. Zur Unterstützung der Testentwickler existieren daher zwei weitere Skripte für das empfohlene Vorgehen bei der Entwicklung dieser Testfälle. Diese Hilfsmittel ermöglichen es schnell und zuverlässig neue Testfälle zu modellieren. Das erste Hilfsskript erzeugt aus dem gewählten Teilmodell (EV oder EVSE) eine neue Modellansicht mit allen Gut-Zuständen. Der Testentwickler entfernt anschließend in dieser neuen Ansicht des Modells diejenigen Zustände, welche nicht für die weitere Bearbeitung dieses Stimulityps vorgesehen sind. Am Ende dieses Arbeitsschrittes steht eine Modellansicht mit den für diesen Testtyp relevanten Zuständen. Sie sind Startpunkt der neuen Negativtestfälle. Bei der folgenden Ausführung des zweiten Tools übergibt der Testentwickler mittels eines Dialogfensters dem Skript den Namen des Fehlerzustands und die semiformale Anweisung des Testfalls. Da diese Anweisung zwischen jedem Zustand und dem neuen Fehlerzustand identisch eingebracht wird, ist es unter Umständen sinnvoll, nur den für alle Transitionen identischen Teil der Anweisung zu übergeben und nach der Ausführung des Hilfstools die Anweisungen entsprechend zu vervollständigen.

Das Tool fügt nach der Eingabe aller Informationen einen neuen Fehlerzustand in die Ansicht ein. Daraufhin wird an die in der Ansicht noch vorhandenen Zustände jeweils eine abgehende Transition angefügt. Das Ziel dieser Transition ist der neu eingefügte Fehlerzustand. Jede Transition wird dabei mit einer zugehörigen Constraint inklusive der eingegebenen Anweisung hinzugefügt. Abschließend wird die zur Vervollständigung des Pfades notwendige Transition vom Fehlerzustand zum Endelement modelliert. Die Funktion übernimmt das Taggen des Fehlerzustands und der Transitionen, dadurch werden Fehlinterpretationen des Modells durch den Testgenerator vermieden. Da die neu erstellten Fehler in einer eigenen Ansicht, benannt mit dem Namen des Fehlerzustandes, im Modell gespeichert werden, sind diese für den Entwickler schnell wiederzufinden. Bei Bedarf ist auch nachträglich und individuell pro Zustand oder Transition das Modell anzupassen. Den größten Nutzen hat diese Funktionalität bei der Modellierung identischer semiformaler Beschreibungen zu verschiedenen Transitionen oder Zuständen. Das Skript wird zum Beispiel genutzt, um die Negativtests mit Sequenzfehler von Botschaften mit Gefährdungspotenzial (PowerDelivery, CurrentDemand, ChargingStatus) zu modellieren. Das Gefährdungspotenzial dieser Botschaften ermittelt sich darüber, dass diese genutzt werden, Schütze zu schließen oder den Strom und die Spannung zu beeinflussen.

Wegen des automatischen Markierens als Fehlerzustand ist diese Vorgehensweise auch bei der Modellierung einzelner Testfälle, die im Extremfall an nur einem Zustand Anwendung finden, zu empfehlen. Abbildung 4.9 zeigt das Ergebnis einer teilautomatisierten Modellierung, bei der State1 und State3 für diesen Test ausgewählt sind.

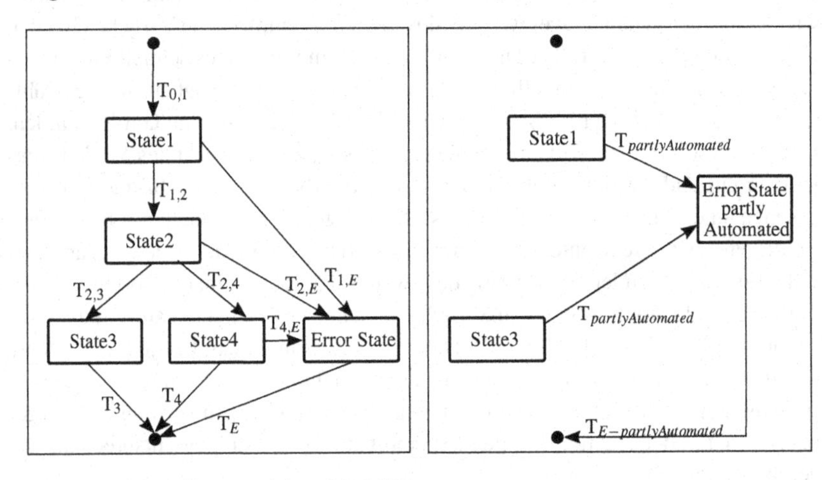

Abbildung 4.9: Teilautomatisierte Modellierung

4.2.6 Auffinden doppelter oder identischer Fehlerinjektionen

Aufgrund der hier angewendeten unterschiedlichen Modellierungen wie die Übernahme aus den Anforderungen, die automatisierte Fehlermodellierung und die teilautomatisierte Modellierung ist nicht auszuschließen, dass Testfälle mehrfach im Modell eingetragen werden. Daher ist es sinnvoll, die Testfälle, beziehungsweise deren semiformalen Beschreibungen, vor der Testgenerierung auf Dopplungen zu prüfen. Dabei ist neben einer exakten Wiederholung insbesondere auf Ähnlichkeiten der Testfällen zu achten. Diese sind zu ermitteln und für eine Bewertung durch den Testentwickler bereitzustellen. Testfälle, die sich einzig in ihren Parametern unterscheiden, sind unter Umständen vom Testentwickler zusammenzuführen oder zu löschen. Diese manuelle Überprüfung der ähnlichen Testfälle hat zum Ziel, die

Testdurchlaufzeit zu optimieren, ohne die Wahrscheinlichkeit Fehler in der Implementierung zu finden zu verringern.

Der Vergleich der semiformalen Beschreibungen bezieht sich auf Negativtests, also Testfälle von Transitionen eines Zustandes, die zu einem Fehlerzustand führen. Das Skript vergleicht einzig die Testfälle der Transitionen eines Zustandes miteinander. Im ersten Schritt prüft das Skript die Beschreibungen auf Gleichheit, wobei Whitespace-Zeichen ignoriert werden. Im zweiten Schritt erfolgt der Vergleich der Stimuli- und der Prüffunktionen der Testfälle. Im dritten Schritt führt das Skript den Vergleich auf Basis der Stimulifunktionen durch. Der Algorithmus listet die gefundenen Ähnlichkeiten entsprechend der drei Kategorien auf, überlässt aber dem Testentwickler die Entscheidung und die Aufgabe, das Modell entsprechend zu optimieren. Die Optimierung findet durch den Entwickler statt, da nur dieser entscheiden kann, ob ein aufgelisteter Testfall auf Grund der Ähnlichkeit zu einem anderen Testfall entfallen kann oder relevante Gründe für dessen Verbleib vorliegen. Ein relevanter Grund ist zum Beispiel das Abprüfen einer speziellen Anforderung. Auf den Vergleich von zu setzenden oder zu prüfenden Variablen wurde in den Schritten zwei und drei verzichtet, um die Ähnlichkeitsanalyse einfach zu halten und den Vergleich auf die Funktionen zu beschränken. Der Aufwand, die Variablen einzeln zu vergleichen, steht in einem schlechten Verhältnis zum Nutzen, da hierbei zum Beispiel die Erkennung einer vertauschten Reihenfolge der Variablenaufrufe nötig ist. Da der Testentwickler die Verantwortung für die Optimierung des Modells trägt und dieser somit die gefundenen Doppelungen begutachtet, ist die Bewertung der Variablenaufrufe nur ein minimaler zusätzlicher Aufwand.

Bei einer Verwendung unterschiedlicher Sichtweisen in einem Modell, wie in Kapitel 4.1.2 beschrieben, ist dieser Vergleichsalgorithmus entsprechend anzupassen. Dazu kann der Algorithmus entweder auf die Symboldatenbank zugreifen oder die Symbole der Funktionen folgen einer eindeutigen Namenskonvention zur Vereinfachung des Vergleichs. Die Konvention beinhaltet zum Beispiel, dass die Funktionssymbole, welche auf dieselbe qualifizierende Funktion bezogen sind, sich einzig in einem Präfix unterscheiden. Durch das Ausblenden dieser Präfixe ist ein Vergleich der semiformalen Beschreibungen in diesem Fall vereinfacht und dennoch zielführend.

4.2.7 Anpassung der Algorithmen

Da die Algorithmen teilweise stark an die ISO 15118 angepasst sind, stellt sich die Frage der Übertragbarkeit der Funktionsweise auf andere Protokolle oder Anwendungen. Die notwendigen Anpassungen werden sich in den meisten Fällen auf die semiformale Beschreibung und den weiteren Verlauf nach der Fehlerinjektion beschränken. Sofern die Funktionsweise der neuen Anwendung ebenfalls einer systematischen Natur folgt, steht einer logischen Ableitung und der Anpassung der Skripte nichts entgegen.

Die Anpassung des Verlaufs bedarf ebenfalls weniger Codezeilen. Für mehrstufige Fehlerreaktionen ist zum Beispiel das Hinzufügen mehrerer Zustände mit den entsprechenden semiformalen Beschreibungen eine Option. Soll die Kommunikation laut einer Spezifikation nach dem Erkennen eines Fehlers und der anschließenden Reaktion wieder zum normalen Ablauf zurückkehren, besteht die Herausforderung für den Algorithmus darin, den richtigen Wiedereintrittspunkt in den Zustandsautomaten zu bestimmen. Inwieweit die Bestimmung des Wiedereintrittpunktes automatisiert möglich ist, hängt von der Komplexität des Protokolls ab. Für einen Testentwickler besteht immer die Möglichkeit, die in den vorhergehenden Kapiteln vorgestellten Algorithmen zur Vorbereitung der Modellierung, also einer teilweisen Automatisierung, zu nutzen und das Ergebnis anschließend manuell anzupassen und zu überarbeiten. In welchem Ausmaß eine teilweise Automatisierung durch die Algorithmen ein Potenzial zur Einsparung von Entwicklungszeit und zur Reduktion der Fehleranfälligkeit beim Modellieren hat, bedarf einer Beurteilung anhand der Spezifikation und deren Komplexität durch den Entwickler.

4.3 Generierung der Testszenarien

Das UML-Modell, aus dem die Testfälle generiert werden, beinhaltet zwei Teilmodelle, die jeweils als Gesamtmodell für die Fahrzeug- beziehungsweise die Ladepunktseite erstellt worden sind. Dies bedeutet, dass das Modell für die unterschiedlichen Anwendungsfälle in einem ersten Schritt zu separieren ist. Die Auftrennung erfolgt anhand der möglichen Kombinationen aus den zwei Anwendungsgebieten Stromart (AC/DC) und Vertragsart (EIM/PnC). Aufgrund der Kombinationsmöglichkeiten ergeben sich vier, anhand der Markierungstags erstellte, temporäre UML-Modelle. Durch eine weitere optionale Aufspaltung in Positiv- und Negativtests ergeben sich insgesamt bis zu acht Modelle. Diese beinhalten dabei immer beide Seiten der Kommunikation. Die Trennung in Positiv- und Negativtests erlaubt es, die Testdurchführung mit den Positivtests zu starten und so die Konformität vor der Robustheit zu prüfen. TeSAm generiert aus diesen temporären Modellen die Testsequenzen zu den jeweiligen Szenarien. Die Sequenzen entsprechen den von TeSAm gefundenen gültigen Pfaden durch das jeweilige temporäre Modell. Der hierzu eingesetzte Suchalgorithmus ist ausführlich in der Dissertation [35] beschrieben.

Ein gültiger Pfad beginnt immer am Initialelement und führt über die Transitionen und Zustände bis zum Endelement. Das Suchkriterium ist so gewählt, dass alle Transitionen, die zu einem gültigen Pfad gehören, mindestens einmal in den Sequenzen enthalten sind. Dieses Kriterium stellt sicher, dass jeder modellierte Testfall in den generierten Testsequenzen berücksichtigt ist. Ein Testablauf entspricht einem gültigen Pfad durch das Modell. Dabei sind die Testfälle entsprechend der Reihenfolge der Transitionen abgelegt. Die Testfälle werden aus den semiformalen Beschreibungen gebildet, welche in den Constraints hinterlegt sind. Die Umwandlung der semiformalen Beschreibungen in die Testfälle ist in Kapitel 4.1.2 erläutert. Die Constraints wiederum sind mit einer zugehörigen Transition verknüpft.

Das Ausgabeformat von TeSAm für die ISO 15118 Testfälle ist ein XML-Format der Firma Vector Informatik GmbH. Dieses gewährleistet eine unkomplizierte Nutzung in der ausgewählten Toolkette (Kapitel 5.1). Neben den Sequenzen mit den Testfällen generiert TeSAm auch zusätzliche Informationen in die XML-Datei. Diese zusätzlichen Informationen beziehen sich auf die Requirements, welche mit den Constraint-Elementen (Testfälle) verlinkt sind (siehe Abbildung 4.3). In das Zielformat werden zu jedem Testfall, sofern mindestens ein Requirement verknüpft ist, die IDs der Requirements und deren Wortlaut in das XML-Dokument mit eingetragen. Mittels der IDs ist die Nachverfolgbarkeit (Traceability) zwischen dem Standard, dem Modell und den Testergebnisse sichergestellt. Diese Zusatzinformationen werden über die komplette Toolkette mitgeführt und abschließend mit in den Testreport eingetragen.

5 Implementierung und Funktionsnachweis

Dieses Kapitel beschreibt die Realisierung des Testsystems, mit dessen Hilfe die generierten Testsequenzen ausgeführt werden. Am Ende des Kapitels werden einige ausgewählte Testergebnisse erläutert.

Das Testsystem ist als Remote-Testsystem für Endprodukte angelegt, wie in Abbildung 2.1 dargestellt. Eine Koordination der Applikation des SuT mit dem Testsystem ist auf ein Minimum beschränkt. Dies minimiert den Einfluss des Testsystems auf die Applikation des SuT und reduziert den Einfluss auf dessen Verhalten. Bei einigen Punkten lässt sich ein Koordinationseingriff schwer vermeiden, um das zu testende Verhalten zu erreichen. In welcher Form die Testkoordination in diesen Punkten durch das Testsystem stattfindet, hängt dabei stark von den Möglichkeiten des SuT sowie der Unterstützung durch den Hersteller ab. Die Koordination kann dabei als Anweisung an den Durchführenden erfolgen, indem zum Beispiel das SuT vor oder während des Tests gezielt konfiguriert wird oder ein Feature des Testobjekts eingeschaltet wird. Neben einem solchen manuellen Eingriff besteht in einzelnen Fällen eine alternative Möglichkeit, einen Eingriff in das SuT über eine weitere Kommunikationsschnittstelle zu realisieren. Hierzu kann eine Diagnose- oder eine Backend-Kommunikation dienen. Dies ist jedoch mit individuellem Aufwand und dem Verlust der Unabhängigkeit des SuT vom Testsystem verbunden. Punkte, bei denen eine Koordination oder zusätzliche Informationen zum SuT nötig sind, sind beispielsweise das Installieren oder Update der Zertifikate, die Anforderung der Signierung von Abrechnungsdaten und die Verschweißerkennung. Diese Liste entspricht auch der „Protocol Implementation extra Information for Testing“ (PIXIT) Auflistung der ISO 15118-4 [23]. In der Software des Testsystems sind für diese Eingriffe verschiedene Templates für Funktionen vorgehalten, die individuell an das SuT anzupassen sind. Bei der Testdurchführung wird entweder eine Anweisung des Testsystems auf dessen Bildschirm an den Tester ausgegeben oder das SuT über die Schnittstelle direkt angesprochen. Ausgelöst wird der Aufruf dieser Funktionen, wie in Kapitel 4.1.1 erläutert, durch das Setzen einer zugehörigen Variablen in den generierten Testsequenzen.

Das Testsystem ist in der Lage, sowohl Elektrofahrzeuge als auch Ladepunkte zu testen, also die jeweilige Partnerrolle einzunehmen. Für das Testen in der Ladephase mit Stromfluss stehen dem System eine Gleichstromleistungsquelle und

F. Brosi, *Methode zur Erzeugung eines erweiterten Konformitätstests für Kommunikationsprotokolle am Beispiel der ISO 15118*, Wissenschaftliche Reihe Fahrzeugtechnik Universität Stuttgart, https://doi.org/10.1007/978-3-658-27533-4_5

-senke zur Verfügung. Diese Leistungselektronik ermöglicht es dem Testsystem, reale Produkte in der Ladephase, gegenüber realen Systemen mit verminderter Leistung, zu prüfen. Da der Fokus dieses Testsystems auf der Kommunikation liegt, ist die hier genutzte Leistungsklasse von $10\,kW$ ausreichend. Bei der Umsetzung wurde auf einen modularen Aufbau des Systems in Soft- und Hardware geachtet, daher sind Erweiterungen des Systems möglich und einfach integrierbar. Potenzielle Erweiterungen sind bezüglich der elektrischen Sicherheit, der Security oder der Einbindung weiterer Kommunikationsprotokolle, zum Beispiel zu einem Backend-System, denkbar. Auch der Austausch von Leistungskomponenten ist möglich, sofern eine entsprechende Ansteuerung durch das Testsystem gegeben und die mechanische Kompatibilität sowie der Platz in dem Testsystem vorhanden ist.

5.1 Toolkette des Testsystems

Für die Implementierung des Testsystems wurde auf eine Toolkette aus Produkten der Vector Informatik GmbH zurückgegriffen. In der Toolkette kommen dabei sowohl Soft- als auch Hardwareprodukte zum Einsatz. Neben der Projektpartnerschaft sprach die breite Tool-Unterstützung der Ladekommunikation für diese Wahl.

Zentrales Produkt der hier verwendeten Toolkette ist die Software CANoe, ein vielseitiges Programm, das zur Simulation und zum Test von Kommunikationssystemen und Steuergeräten eingesetzt wird. Das Programm beinhaltet die eigene Skriptsprache CAPL, welche zur Erstellung und Erweiterung eigener Simulationsknoten und Funktionalitäten genutzt wird. CANoe arbeitet signal- oder ereignisorientiert; dies ist bei der Umsetzung der Testfunktionalität zu berücksichtigen. Für den Informationsaustausch zwischen verschiedenen Softwaremodulen, hier als CANoe Knoten angelegt, können Systemvariablen definiert und genutzt werden. Da diese bei Veränderungen ein Ereignis auslösen, sind direkte Reaktionen auf das Setzen einer Systemvariablen im und durch das Testsystem möglich.

Vector bietet eine Vielzahl an Erweiterungen für CANoe an, die den Funktionsumfang um spezielle Aspekte ergänzen. Drei dieser Erweiterungen verwendet dieses Testsystem: die Option CANoe .Ethernet, das Smart-Charge-Communication-Addon (SCC-Addon) und das vTESTstudio. Die Option CANoe .Ethernet fügt Funktionen und Darstellungsmöglichkeiten für die ethernetbasierte Kommunikation inklusive der Protokolle IP, UDP und TCP hinzu. Diese Option ist eine Voraussetzung zur Nutzung des SCC-Addons und ermöglicht darüber hinaus Analysen der unterlagerten OSI-Schichten bei der Ladekommunikation nach ISO 15118.

Das SCC-Addon kann die Kommunikation für das Laden von Elektrofahrzeugen und Ladepunkten simulieren. Hierfür enthält das Softwarepaket Simulationsknoten, die ein Elektrofahrzeug und einen Ladepunkt mit vollständigem Kommunikationsstack und Ablaufsteuerung abbilden. Zusätzlich bieten diese Simulationsknoten eine Schnittstelle zum freien Senden und Empfangen von Ladekommunikationsnachrichten. Dabei sind beim Senden sowohl der Zeitpunkt, die Reihenfolge als auch die enthaltenen Daten der Ladekommunikationsnachrichten frei zu bestimmen. Die Knoten wandeln dabei die über die Schnittstelle übergebenen Nachrichtenparameter in den entsprechenden Standard-konformen EXI-Code um und versenden diesen. Über das SCC-Addon sind daher aktuell die Möglichkeiten beschränkt, ISO 15118 Nachrichten mit Strukturfehlern zu erzeugen. Da dies, wie in Kapitel 3.4 ermittelt, keiner intensiven Untersuchung im Rahmen erweiterter Konformitätstests bedarf, ist es trotz dieser Einschränkung möglich, auf Basis der zur Verfügung gestellten Simulationsknoten das Testsystem zu implementieren. Die Schnittstelle der Simulationsknoten wird vom Testsystem genutzt, um einen von der integrierten Ablaufsteuerung unabhängigen Testablauf umzusetzen. Das vTESTstudio wird zur Kapselung und Konfiguration des Testumfangs genutzt. Dieses eigenständige Programm ist eine Entwicklungsumgebung für in CANoe auszuführende Tests. Neben der Testfunktionsentwicklung unterstützt das Programm die Nachverfolgbarkeit zwischen den Anforderungen und den Testfällen (Traceability) und dem Varianten-Management. Das Programm erstellt sogenannte Test-Units, welche in einer CANoe-Konfiguration eingebunden und ausgeführt werden. Eine Test-Unit wird über Varianteneigenschaften vor der Ausführung entsprechend der Testaufgabe konfiguriert. Über das Variantenmanagement wird zum Beispiel auf einfache Weise zwischen einem Test für PnC und einem für EIM umgeschaltet.

Neben der Software-Unterstützung wird auch im Bereich der Hardware auf die Toolkette von Vector zurückgegriffen. Die Hardware für Testsysteme firmiert bei Vector unter der Bezeichnung VT System. Das System besteht hier aus einer in einem Metallgehäuse fest verbauten Backplane-Platine, welche mit verschiedenen Einschubkarten bestückt ist. Die Auswahl fiel zum einen auf dieses System, da die Ansteuerung des VT Systems in das Ausführungsprogramm CANoe integriert ist und zum anderen steht eine Zusatzplatine für die Ladekommunikation mittels HomePlug Green Phy zur Verfügung. Diese kann neben dem Powerlinesignal auch die Basiskommunikation nach IEC 61851 (PWM-Kommunikation) nachbilden und auswerten. Des weiteren sind Einschub-Karten mit Relais, digitalen und analogen Ein- und Ausgängen für die Ansteuerung der übrigen Hardware und Leistungselektronik verbaut. Weitere Details zu den hier erwähnten Produkten sind der Homepage der Vector Informatik GmbH [72] zu entnehmen.

5.2 Softwarestruktur

Die Basis für die Software des Testsystems bildet das Programm CANoe mit dem SCC-Addon. Der Aufbau der CANoe-Konfiguration ist für die Ladesäulenseite sowie für die Fahrzeugseite nahezu identisch und wird daher für beide beschrieben. Die Abbildung 5.1 zeigt den Softwareaufbau mit dem Fokus auf die ISO 15118 Kommunikation. Als Basis dient CANoe .Ethernet und die entsprechende „Dynamic Link Library“ (dll) des SCC-Addons. Das darüber liegende CAPL-Skript kommuniziert mit den Knoten über die Aufrufe von Callbacks und über die Funktionen zum freien Senden.

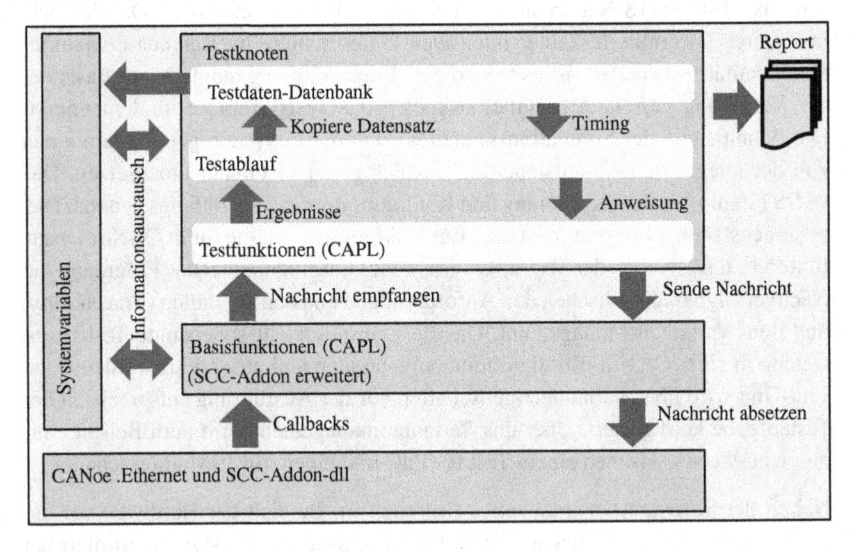

Abbildung 5.1: Softwarestruktur

Dieses CAPL-Skript basiert zu großen Teilen auf dem mitgelieferten Code. Die darin umgesetzten Basisfunktionen sind um Testfunktionalitäten erweitert. Der Informationsaustausch mit den weiteren Komponenten erfolgt über Systemvariablen. Der Testknoten beziehungsweise die Test-Unit liegt über dem CAPL-Skript mit der Basisfunktionalität. Er bestimmt den Testablauf, analysiert die empfangenen Nachrichten, bestimmt die Daten der Sendenachrichten und triggert das Senden der Nachrichten. Der Testknoten ist dazu in drei funktionale Einheiten aufgeteilt: Testfunktionen, Testablauf und Testdaten-Datenbank.

Der Testablauf besteht dabei aus den mittels TeSAm generierten Testsequenzen, wie in Kapitel 4.3 beschrieben. In die Testsequenzen sind durch die Symboldatenbank (Kapitel 4.1.2) die qualitativen Namen der Testfunktionen, der Systemvariablen sowie der Testdatenbank-Abruffunktionen eingebunden. Die Testsequenzen rufen somit die Testfunktionen auf. Diese Testfunktionen sind als CAPL-Skripte implementiert. Die Testfunktionen beinhalten hierbei Funktionen zur Auswertung der Daten und Zeiten beim Empfang der Nachrichten. Für das Versenden von Nachrichten sind in den Testfunktionen Zeitgeber (Timer) zum verzögerten Senden integriert. Die Parameter zum Verzögern sind vor dem Testablauf per Variantenmanagement zu konfigurieren. Die Werte sind dabei in der Datenbank hinterlegt und werden bei der Initialisierung einer Testsequenz in die Systemvariablen kopiert. Während des Ablaufs sind diese Zeiten noch durch explizite Anweisungen anpassbar. Dabei werden die konfigurierten Werte durch in Testfällen hinterlegte Werte überschrieben. Dies gilt ebenso für Systemvariablen, die Nachrichtendaten abbilden. Diese werden über die Konfiguration des Variantenmanagement vorausgewählt und bei der Initialisierung der Testsequenz als Basisdatensatz geladen. Alternativ ist es möglich, die Systemvariablen mit den Daten für die Nachrichten durch die Ablaufsteuerung setzen zu lassen. Diese Datenwerte sind dabei direkt im Modell hinterlegt oder es ist hierzu ein Datenbankaufruf im Modell hinterlegt. Die Basisfunktion zum Versenden wiederum wertet für jede zustandsabhängigen Datenwert der Nachricht eine zugehörige Steuervariable aus. Diese bestimmt, ob der Testsystemwert oder die Systemvariable mit dem Manipulationswert verwendet wird. Die Steuervariable, welche die Auswahl über die zu nutzende Systemvariable trifft, bestimmt ebenfalls die Art der Manipulation. Es sind die Manipulationsarten Ersetzung und Addition implementiert. Bei der Berechnung des zu sendenden Datenwertes im Modus Addition werden der Manipulationswert und der Testsystemwert miteinander verrechnet. Die Vorzeichen werden dabei beachtet, so dass auch Subtraktionen zu realisieren sind. Zur Sicherstellung der vorgesehenen Verwendung des Manipulationswerts ist, neben dem Wert, die jeweils gewünschte Verwendung in der Steuervariablen zu hinterlegen.

Parallele Abläufe wie zum Beispiel die Überwachung der IEC 61851 und Managementfunktionen für die Testparameter sind als Testfunktion oder Softwarefunktion implementiert. Hierbei wird unter anderem die eventbasierte Funktionalität des Ablaufprogramms ausgenutzt. Die Hardwareanbindung ist über separate Softwaremodule in der Ebene der Basisfunktionen realisiert.

Der Testreport wird bei der Durchführung eines Tests automatisch über die in CANoe integrierte Funktionalität des Testknotens erstellt. Die Testfunktionen sind dahingehend erweitert, dass diese den Report um zusätzliche Informationen anreichern. Ziel dieser Informationen ist es, die Interpretation der Ergebnisse zu unterstützen. Dazu reichern die Testfunktionen zum Beispiel den Report mit Bildern des TCP-Logs oder mit den Werten der IEC 61851-Zustände an.

5.3 Testdaten Datenbank

Die Datenbank ist als XML-Datei realisiert. Dies bietet die Möglichkeit für die Datenformate bestehende Schema-Dateien im XSD-Format direkt aus der Norm zu übernehmen und zu nutzen. Ein weiterer Vorteil dieses Formats besteht darin, dass die Datenbank auch in Testsysteme anderer Hersteller integrierbar ist. Das Nutzen der Datentypen aus der Norm erleichtert die Integration. Zur Reduktion der teilweise komplexen Struktur der ISO 15118 Nachrichten ist die hierarchische Struktur der Nachrichten vereinfacht hinterlegt und erleichtert der Testablaufsteuerung den Zugriff auf die Daten. Die einzelnen Dateneinträge werden durch zusätzliche Attribute ergänzt. Über ein solches XML-Attribut ist auch die Bestimmung der Manipulationsart für physikalische Größen gelöst. Die in Kapitel 4.1.3 vorgestellte und in Abbildung 4.4 dargestellte Struktur der Datenbank ist durch die Nutzung entsprechender Tags realisiert. Die Verknüpfung der einzelnen Bereiche untereinander ist durch die Nutzung der in XML spezifizierten Referenzierung mittels der Elemente `<refkey>` und <key> umgesetzt. Der Zugriff auf die Datenbank während der Testdurchführung erfolgt mittels einer eigenentwickelten Erweiterung der Ablaufsteuerung.

5.4 Hardwareaufbau

Die Hardware des Testsystems ist in drei logische Ebenen, wie in Abbildung 5.2 dargestellt, unterteilt: der Kontrolle, der Ansteuerung und der Leistung.

Die Kontrollebene übernimmt dabei ein Computer, auf dem die Testablaufsteuerung CANoe läuft. Diese Ebene ist ausführlich im Kapitel 5.2 beschrieben. Die Steuerebene wird hauptsächlich durch das VT System umgesetzt. Diese Ebene stellt neben der physikalischen Anbindung der Ladekommunikation auch die Ansteuerung der Leistungspfade im Testsystem bereit. Diese Leistungspfade mit den Leistungsschützen gehören zur dritten Ebene, der Leistungsebene. Dieser gehören auch das Spannungsnetzteil und die elektronische Last an.

Die Hauptkomponente der Steuerebene ist die für das VT System bereitgestellte Platine für die Kommunikation nach ISO 15118. Das Testsystem enthält zwei dieser Karten. Die Karten sind in der Lage, ein EVCC oder SECC zu emulieren. Dazu sind der HomePlug Green Phy Chip entsprechend zu konfigurieren und die Relais auf der Platine zu verschalten. Durch die Verwendung von zwei Karten ist keine Änderung der Konfigurationen vor dem Test notwendig. Ebenso sind Szenarien

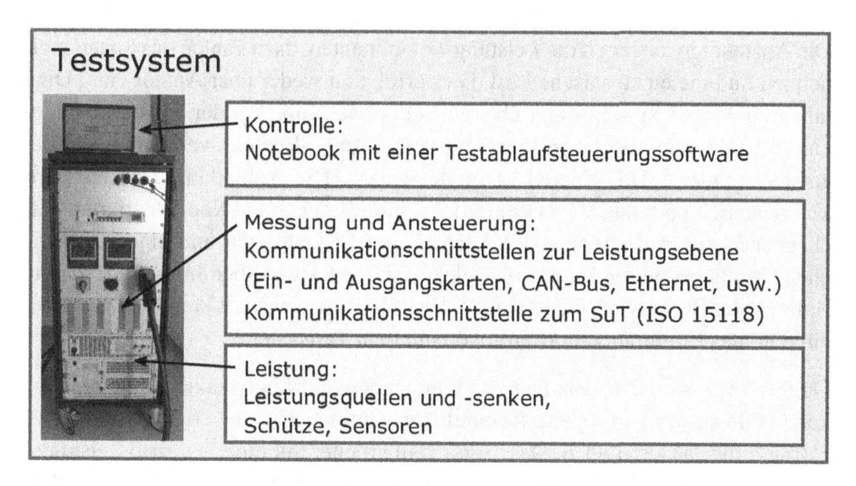

Abbildung 5.2: Hardwarestruktur des Testsystems

darstellbar, in denen ein zweites Gerät vom Typ des SuT zu emulieren ist. Bei einer Anpassung der Konfiguration der zweiten Karte ist auch die Emulation eines zweiten Gerätes vom Typ des Testsystems möglich. Des Weiteren ist das Szenario eines „Man in the Middle“ Testsystems konfigurierbar, wie es häufig bei Testkoffersystemen zu finden ist. Hierbei werden die beiden Kommunikationskanäle über einen Software-Link, über CANoe, miteinander verbunden. Eine Manipulation der übertragenen Informationen oder des Zeitverhaltens ist dabei möglich. Bei einer verschlüsselten Kommunikation muss das Testsystem mit den entsprechenden Zertifikaten ausgestattet sein. Durch die Möglichkeit, eine direkte Verbindung des Fahrzeugs- und Ladepunktanschlusses zu schließen, ist das System vorbereitet, eine Kommunikation mitzuhören. Die aktuelle Firmware der verwendeten Chips lässt dies jedoch aktuell nicht zu, daher ist für diesen Fall die „Man in the Middle“ Konfiguration zu wählen. Dabei sind Verzögerungen unter einer Millisekunde durch den Software-Link zu erwarten. Die Abbildung 5.3 zeigt vereinfacht die Verschaltung der Kommunikationschips im Testsystem.

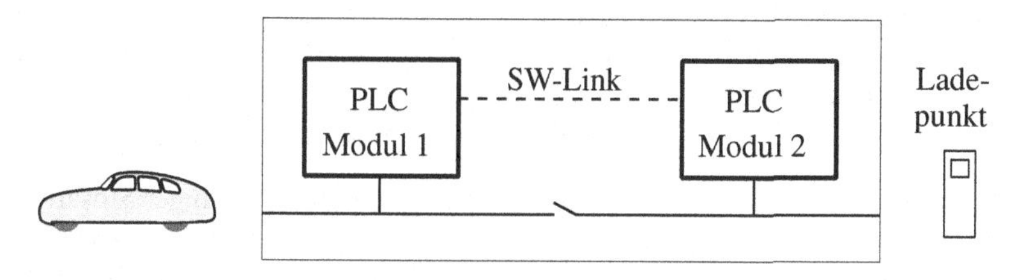

Abbildung 5.3: Skizze der PLC-Modul-Verschaltung

Die Ansteuerebene regelt die Leistungskomponenten, dazu zählen das Spannungsnetzteil und die elektronische Last. Dies erfolgt entweder über Analog- und Digitalkarten des VT Systems oder über einen digitalen Bus. Bei der Umsetzung über eine digitale Schnittstelle ist diese mit dem CANoe-Rechner verbunden und ein entsprechender CAPL-Knoten ist implementiert. Die Anbindung der Leistungskomponenten über das VT System erfolgt mittels der in CANoe integrierten Mechanismen zur Ansteuerung der Analog- und Digitalkarten und einem entsprechend implementierten Knoten. Die elektronische Last ist über ihre Analogschnittstelle in das Testsystem eingebunden. Das Spannungsnetzteil kommuniziert über ein digitales Kommunikationsprotokoll mit dem Testsystem.

Da das Testsystem für den Test von Fahrzeugen und Ladepunkten konzipiert ist, kann es die jeweilige Gegenstelle emulieren. Gefordert ist dies sowohl für das AC- als auch für das DC-Laden. Das Testsystem arbeitet mit einer internen Leistungspfadkonfiguration, welche über entsprechende Leistungsschütze realisiert ist. Die Stecker und Buchsen für das AC und DC-Laden sind fest in das Testsystem eingebaut und werden über die Software entsprechend der aktuellen Anforderung mit den Leistungspfaden verbunden. Über eine Relais-Karte des VT Systems steuert CANoe die Leistungsschütze an. Dabei verhindert eine gegenseitige elektromechanisch Verriegelung mittels Hilfskontakten der Schütze diejenigen Schaltkombinationen, die zu Kurzschlüssen oder Schäden am System führen. Die Abbildung 5.4 zeigt die schematische Anordnung der Schütze. Die Darstellung enthält ebenfalls die Position des Spannungsnetzteils und der elektronischen Last für das Laden mit Gleichstrom. Die Tests von Wechselstromladepunkten benötigen diese Last ebenfalls. Die Schaltmatrix der Leistungspfade ist wie im Fall der Kommunikation für die Möglichkeit eines „Man in the Middle“ Testansatzes vorbereitet.

Für Tests von Wechselstromladepunkten ist zur Reduktion der Testdauer ein für diese Aufgabe optimiertes Spannungsnetzteil verbaut. Die Reduktion erfolgt durch die Minimierung der Zeitdauer, bis das Testsystem die elektrische Leistung über den Anschluss der Ladesäule aufnimmt. Erreicht wird dies durch eine separate Versorgung des Mikrocontrollers im Netzteil. Somit ist dieser, unabhängig vom Anliegen einer Spannung an den Leistungseingängen, aktiv. Dies verringert deutlich die Zeitdauer zwischen dem Anliegen einer Spannung an den Leistungseingängen und der Abgabe der Leistung an den Ausgängen des Geräts, gegenüber einem nicht angepassten Netzteils. Der Zeitvorteil ergibt sich daraus, dass der Mikrocontroller bei einem nicht angepassten Netzteil zuerst booten muss bevor es einsatzbereit ist.

Eine Anforderung an die elektronische Last ist ein möglichst geringer Stromverbrauch und ein geringer Wärmeeintrag ins Gehäuse des Testsystems. Daher fiel die Wahl auf eine elektronische Gleichstromlast mit Rückspeisung ins Wechsel-

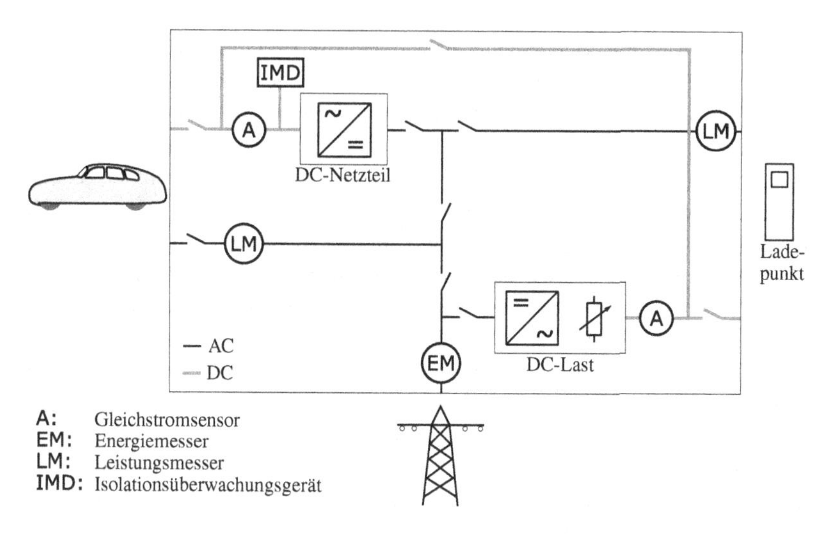

Abbildung 5.4: Skizze der Schützverschaltung

stromnetz. Beim Betrieb und beim Anschluss des Testsystems ist zu beachten, dass das Ein- und Rückspeisen von Strom lokalen Regeln unterliegt. In Deutschland ist diesbezüglich die Anwendungsregel VDE-AR-N 4105 [71] zu beachten. Bei der Rückspeisung sind insbesondere drei Aspekte zu beachten. Durch das Rückspeisen darf bei einem Stromnetzausfall kein Inselbetrieb entstehen, da dieser zu gefährlichen Zuständen führen kann. Die Stromqualität muss den Anforderungen bezüglich Spannung, Frequenz und Phasenwinkel entsprechen. Der letzte dieser drei Aspekte bezieht sich auf die Abrechnung der elektrischen Energie. Das Rückspeisen darf einen vorhandenen Stromzähler nicht manipulieren, diesen also nicht „Rückwärtslaufen" lassen. Der letzte Punkt ist bei einem verbauten Zweirichtungszähler eingehalten. Dieser zählt den Strom in aufnehmende und abgebende Richtung separat. Alternativ werden der Ladepunkt und das Testsystem an demselben Sub-Netz angeschlossen. Bei diesem Anschluss wird nie mehr Energie zurückgespeist als entnommen[1], zudem verhindert dies auch einen potenziellen Inselbetrieb. Die Einhaltung der Stromqualität des zurückspeisenden Gerätes hat der Hersteller zu gewährleisten. Hier ist auf eine entsprechende Zertifizierung der elektronischen Last bei der Auswahl für das Testsystem zu achten. Vor der Durchführung eines Tests mit Energierückspeisung ist zu prüfen, ob das Rückspeisen den Vorschriften entsprechend möglich ist.

[1]Batteriegestützte Ladepunkte ausgenommen

Das Testsystem ist mit Messtechnik für die elektrischen Größen des Ladens ausgestattet, Abbildung 5.4. Ein Gleichstromsensor ist an der Schnittstelle zum Fahrzeug und ein weiterer ist am Inlet, der Schnittstelle zum Ladepunkt, verbaut. Diese Stromsensoren auf Shunt-Basis sind in der Lage, zusätzlich zum Gleichstrom drei Spannungen zu messen. Das Testsystem misst die Spannungen, ausgehend von der Position des Sensors, zwischen den DC-Leitungen jeweils vor und nach den Schützen. Die Anbindung des Sensors an das Testsystem erfolgt über einen CAN-Bus, welcher in CANoe bei den Testdurchläufen mit aufgezeichnet wird. Auf der AC-Seite sind ein Energiemesser und zwei Leistungsmesser verbaut. Der Energiemesser ist an der Netzanbindung platziert und misst die Phasenströme des Gesamtsystems sowie die Spannungen zwischen den Leitungen. Dieser misst und zeichnet die Energieaufnahme des Testsystems auf. Ein Leistungsmesser ist am Outlet, dem Fahrzeug-Anschluss, platziert, ein weiterer am Inlet, dem Ladepunktanschluss. Die Leistungsmesser zeichnen neben den Wirk-, Schein- und Blindleistungsströmen jeder Phase auch die zugehörigen Spannungen und Oberwellen des Stroms auf und ermöglichen so eine detailliertere Analyse des Stroms zum Zeitpunkt des Tests. Zusätzlich berechnen die Leistungsmesser die Energie und die Leistung am Messpunkt. Die AC-Messsysteme sind über eine Ethernet-Schnittstelle mit dem Testrechner verbunden. CANoe liest über diese Schnittstelle per digitalem Kommunikationsprotokoll die Daten der Messsysteme aus.

Zur Gewährleistung des sicheren Betriebs des Testsystems sind neben einem Fehlerstromschutzschalter auf AC-Seite auch eine einfache Isolationsüberwachung auf DC-Seite integriert. Diese ist auf Seiten des Spannungsnetzteils angebracht, Abbildung 5.4. Durch das Schließen der Verbindungsschütze sind auch Isolationsprüfungen auf der Seite der elektronischen Last möglich. Auf dieser Seite sind die zu prüfenden Ladepunkte einzustecken und das Testsystem emuliert ein Fahrzeug. Die DC-Ladesäulen sind als Spannungserzeuger für die Isolationsüberwachung während des Ladevorgangs verantwortlich. Da sich Isolationswächter in der Regel gegenseitig stören, ist eine dauerhafte Isolationsüberwachung durch das Testsystem auf der Seite der elektronischen Last nicht möglich.

5.5 Testergebnisse

Nach der Umsetzung des Testsystems folgt der Test einiger Serienprodukte. Da die Ergebnisse der Tests vertraulich zu behandeln sind, wird auf tiefergehende Details nicht eingegangen. Daher sind nur die wichtigsten Erkenntnisse in verallgemeinerter Form erläutert. Die Tests werden auf Basis der DIN SPEC 70121 durchgeführt, da Serienprodukte mit dieser Spezifikation schon länger verfügbar sind. Die Tests für die DIN SPEC 70121 sind ebenfalls mit der in dieser Arbeit vorgestellten Methode erstellt worden.

Bei diesem ersten Test zeigen sich auf der Fahrzeugseite zum einen Schwächen beim Aufbau der Kommunikation über das SLAC-Protokoll, so dass sich die Zeit bis zum Etablieren einer Kommunikationssession über das Timeout (CommuncationSetup) hinaus verzögern lässt. Hierzu werden die Antworten des Testsystems verzögert, verletzen dabei jedoch nicht die jeweiligen Message-Performance-Zeit. Für die Praxis besteht nur eine geringe Gefahr bezüglich nicht ladender Fahrzeuge, da reale Systeme deutlich schneller antworten und so die Wahrscheinlichkeit das Timeout zu erreichen gering ist.

Ein Fahrzeug fällt bezüglich der Reaktion auf die `EVSE-Notifications` der Ladesäulenseite auf. Diese werden von diesem SuT ignoriert. Das Testsystem nutzt die Notifications unter anderem dazu, dem Fahrzeug seinen Wunsch des Ladeendes anzuzeigen. Über diesen Mechanismus steuert das Testsystem den Ablauf und verkürzt die Testzeit. Durch das Ignorieren der Notifications und das durch das Testsystem dennoch stattfindende Ladeende, trägt das Fahrzeug dementsprechend viele Fehlereinträge in sein Diagnosesystem ein. Dies lässt sich beim Anschluss eines separaten Diagnosetesters feststellen. Der strikte Ablauf, der durch die generierten Sequenzen vorgegeben ist, bewirkt durch die synchrone Ansteuerung der Basiskommunikation ein Abschalten des PWM-Signals, dies ist als Notfallstop des Ladevorgangs definiert. Ein normales Ladeende ist in diesem Fall nicht mit den generierten Sequenzen zu testen. Für den realen Einsatz bedeutet dies, dass die Beendigung des Ladevorgangs dieses Fahrzeugs durch eine Ladesäule über den Mechanismus der Notifications nicht funktioniert. Ein vorzeitiges Beenden des Ladevorgangs erfolgt bei diesem Fahrzeug am besten über das Fahrzeug selbst. Eine weitere Auffälligkeit konnte bei den Fehlerstimuli mit nicht erwarteten Nachrichten beobachtet werden. Anstatt Norm-konform die Kommunikation abzubrechen, sendete ein Fahrzeug vor dem Abbruch ein `PowerDeliveryRequest` mit dem Befehl zum Öffnen der Schütze. Die Formulierung für den Abbruch der Kommunikation bei verschiedenen Kommunikationsfehlern lautet in den Requirements `[V2G-DC-651]` bis `[V2G-DC-654]` und `[V2G-DC-402]` der DIN SPEC 70121 [6]: „1) without any delay, change to CP State B, if the EVCC is not in CP State B, 2) terminate the V2G Communication Session, and 3) close the TCP connection according to [V2G-DC-107].“ Eine Gefahr entsteht durch dieses Verhalten des Fahrzeuges erst, wenn die verbundene Ladestation einen weiteren Fehler aufweist und beim Empfang des `PowerDeliveryRequest` die Schütze schließt. Hierbei beachtet die Ladestation weder die korrekte Reihenfolge der Nachrichten noch deren Inhalte.

Die durchgeführten Tests der Ladesäulen zeigen, dass die getesteten Ladesäulen die Fehlerstimuli bezüglich des Timings und der Nachrichtenreihenfolge erkennen. Die zu erwartende Reaktion, also eine Antwort mit der richtigen Meldung im Response-Code und anschließendem Kommunikationsabbruch, wird bei diesen Fehlerstimuli beobachtet. Bei einem Fehlerstimulus der Kategorie Kontext beziehungsweise Einschub aus der Ablaufebene zeigt ein untersuchtes System ein auffälliges Verhalten. Das Testsystem sendet als Stimuli ein Request aus dem Bereich der AC-Botschaften. Die DIN SPEC 70121 ermöglicht dies, da die AC-Nachrichten zwar nicht genutzt werden aber dennoch im zugehörigen Schema definiert sind. Dieses SuT antwortet in diesem Fall mit der zugehörigen AC-Response mit dem `ResponseCode OK`. Der Empfang dieser Botschaften hat keinen erkennbaren Einfluss auf den Zustand des Ladegerätes und stellt somit keine unmittelbare Gefahr dar. Der enthaltene Responde-Code Wert `OK` und die Reaktionslosigkeit lassen darauf schließen, dass der Empfang eine Basissendefunktion ausgelöst hat, die hinterlegte Initialwerte versendet. Erwartet wird bei diesem Szenario ein Kommunikationsabbruch oder zumindest ein `ResponseCode Failed` in der Antwort. Dieser Fehler lässt sich auch auf die noch geringe Verbreitung des Protokolls zum Zeitpunkt des Tests zurückführen, sowie eine mangelnde Testunterstützung für die Entwickler. Dieser Fehler wird zudem durch die Tatsache begünstigt, dass die DIN SPEC 70121 aus einem frühen Stadium der ISO 15118 abgeleitet wurde und daher auch AC-Nachrichten definiert sind.

Eine weitere Auffälligkeit eines Ladesystems kann bezüglich der Nachrichtenzykluszeit[2] beim DC-Laden beobachtet werden. Für die Zykluszeiten der Nachrichtenpaare sind jeweils zwei Zeiten definiert, die Performance-Zeit auf Seiten der Ladesäule und das Timeout, welches vom Fahrzeug zu überwachen ist. Die Performance-Zeit für das Nachrichtenpaar `CurrentDemand` ist beim DC-Laden mit $25\,ms$ sehr eng gesteckt und wird von dem Ladesystem nicht eingehalten. Das Timeout von $250\,ms$ wird dagegen nicht verletzt. Auswirkungen auf den Einsatz im Markt sind aber nicht zu erwarten, da eine Reaktion auf das nicht Einhalten der Performance-Zeit in der Norm nicht definiert ist.

Bei der Validierung des Testsystems trat ein weiterer Fehler auf. Hierbei sendet das Testsystem die letzte Nachricht des Protokolls (SessionStop-Response) doppelt. Dieses nicht konforme Verhalten wird ebenfalls tiefer untersucht und analysiert. Hierfür werden neben dem Testreport die Aufzeichnungen des Ethernet-Kanals herangezogen. Als Ursache stellt sich heraus, dass für diese letzte Botschaft des Ladepunkts die Bestätigung des Empfangs des TCP-Frame durch das Testsystem ausbleibt. Das erneute Versenden der Response dieses TCP-Pakets ist daher konform zum TCP-Protokoll. Die Ursache für das Ausbleiben der Bestätigung liegt

[2]Zeitdauer zwischen Request und Response

in der Implementierung des Test-Knotens in CANoe begründet. Dieser beendet einen Moment zu früh die TCP-Verbindung und sendet somit die vorgesehene Bestätigung des Empfangs des TCP-Pakets nicht. Die Aufzeichnung in CANoe läuft weiter, da sie unabhängig vom Test-Knoten ist. Diese Auffälligkeit verdeutlicht zwei Aspekte. Für die Bewertung der Testergebnisse sind tiefgründige Kenntnisse der unterlagerten Protokolle notwendig, auch wenn diese bei einem wie hier vorgestellten Ansatz nur implizit getestet werden. Der zweite Aspekt zeigt, dass Fehler des Testsystems nicht auszuschließen sind. Das Testsystem befand sich zum Zeitpunkt des Tests noch in der Validierungsphase. Aber auch nach langer intensiver Nutzung eines Testsystems sind Fehler auf Seiten des Testsystem nicht auszuschließen. Daher sind bei der Bewertung von Testergebnissen immer auch Fehler auf der Seite des Testsystems in Betracht zu ziehen. Zur Beurteilung sind daher Messaufzeichnungen mit Rohdaten der Kommunikation, wie sie das Testsystem erzeugt, sehr hilfreich.

Die Tabelle 5.1 fasst die bei den durchgeführten Tests gefundenen Auffälligkeiten noch einmal zusammen. Die Auffälligkeiten lassen aufgrund der individuellen SuT keine verallgemeinerten Rückschlüsse auf besonders anfällige Fehlerkategorien zu.

Tabelle 5.1: Auffälligkeiten bei der Testdurchführung

Fehlerkategorie	SuT	Abstraktion	Beschreibung
Unerwartete Wiederholung			
Verlust			
Einschub	EVSE	Ablauf	Reaktion des EVSE auf empfangene AC-Botschaften mit den zugehörigen Response-Nachrichten die den `ResponseCode` `OK` enthalten, bei einer DIN SPEC 70121 Kommunikation
	EV	Ablauf	Beim Abbruch der Ladekommunikation sendet das SuT ein unerwartetes `PowerDeliveryRequest`
Fehlerhafte Sequenz			
Korruption			
Inakzeptable Verzögerung	EV	Ablauf	Verzögerung der Session Etablierung über das Limit hinaus ist möglich
	EVSE	Ablauf	Verletzung der Performance Zeit bei CurrentDemand
Maskierung			
Kontext / Semantik / Logik	EV	Daten	`EVSENotification` wird ignoriert

6 Zusammenfassung und Ausblick

Die ISO 15118 bietet neben der Schnelllademöglichkeit mit Gleichstrom weitere Vorteile durch die Kommunikation zwischen Fahrzeug und Ladepunkt. Durch die Möglichkeit, Lastprofile auszuhandeln, bietet sie eine Grundlage für die Integration von Ladeinfrastruktur in das intelligente Stromnetz. Die Option des Abrechnens des Ladevorgangs ohne weiteren Eingriff durch den Nutzer erhöht stark den Komfort und steigert damit die Akzeptanz der Elektromobilität. Damit diese Vorteile zum Tragen kommen, sind Konformitätstests zwingend erforderlich zur Sicherstellung der Funktion und als Basis für die Interoperabilität der Systeme. Die Erweiterung des Prüfumfanges steigert die Robustheit der Systeme und erhöht die Zuverlässigkeit bezüglich der Interoperabilität. Aus diesem Grund ist die Erweiterung des Testumfangs bei einem Konformitätstest sehr zu empfehlen.

Zur Unterstützung der Auswahl an zusätzlichen Prüfungen wird in dieser Arbeit ein neues systematisches Vorgehen vorgestellt. Die Methode eignet sich für eine effiziente und gezielte Analyse, um potenzielle Fehler zu finden. Dazu wird das Kommunikationsprotokoll in die drei Ebenen Daten, Datenstruktur und Ablauf aufgeteilt. Neben einer Liste für benötigte Prüffunktionen lassen sich aus dem Ergebnis der Analyse auch relevante Fehlerstimuli für die Erweiterung des Konformitätstest ableiten. Für die Auswahl der abgeleiteten Fehlerstimuli für Negativtests sind die potenziellen Fehler nach dem Schadenspotenzial und der Auftrittswahrscheinlichkeit zu bewerten.

Zur Erstellung des Konformitätstests wurde ein modellbasierter Ansatz gewählt; dieser ermöglicht eine schnelle Anpassung an die Änderungen des Standards während dessen Entwicklung. Ein erstelltes Basismodell aus den Gut-Fällen der fehlerfreien Kommunikation wird automatisiert um Negativtests erweitert. Dieses Vorgehen ermöglicht eine schnelle Modellierung und die wiederholte Erstellung der Negativtests bei einer Änderung des Basismodells. Dies reduziert zum einen den Aufwand des Einpflegens einer Fehlerart. Es schließt zudem Definitionslücken der Negativtests bei neu hinzugefügten Gut-Zuständen oder Transitionen aus. Neben Algorithmen für spezielle Negativtests (Timeout, Datenfehler, Sequenzfehler) werden Skripte bereitgestellt, um die Testentwickler bei der Modellierung zu unterstützen. Insbesondere die Untersuchung auf Ähnlichkeit der Testfälle ist hierbei von Bedeutung.

F. Brosi, *Methode zur Erzeugung eines erweiterten Konformitätstests für Kommunikationsprotokolle am Beispiel der ISO 15118*, Wissenschaftliche Reihe Fahrzeugtechnik Universität Stuttgart, https://doi.org/10.1007/978-3-658-27533-4_6

Für die Generierung der Testsequenzen wird auf die Software TeSAm zurückgegriffen, welche in Rahmen zweier Dissertationen am IVK der Universität Stuttgart [1], [35] entstanden ist. Die Weiterentwicklung des Formats der semiformalen Beschreibung der Testfälle im UML-Modell macht auch Anpassungen in TeSAm notwendig. Das neue Format definiert Stimuli- und Prüffunktion für den Testfall und formuliert so explizit die erwartete Reaktion. Zur Erhöhung der Testabdeckung bezüglich der verwendeten Testdaten wird eine Testdaten-Datenbank entwickelt und eingeführt. Die Auswahl eines Basistestdatensatzes erfolgt über die Bedienung des Variantenmanagements innerhalb des Testdurchführungstools und kann direkt vor dem Ablauf eines Tests erfolgen. Neben den Botschaftsdaten ist auch das Zeitverhalten des Testsystems hierüber zu konfigurieren, so ist zum Beispiel die Zeitdauer zwischen dem Empfangen einer Nachricht und dem Senden der nächsten Nachricht auszuwählen.

Bei der Umsetzung wird auf die Toolkette des Projektpartners Vector Informatik GmbH zurückgegriffen. Diese Toolkette bietet für die Steuerung des Testsystems die nötige Hard- als auch Software-Unterstützung. Das realisierte Testsystem ist in der Lage, sowohl ein Elektrofahrzeug als auch einen Ladepunkt beim Ladevorgang zu emulieren. Da der Fokus auf der Prüfung der Kommunikation liegt, ist die gewählte Leistungsklasse der Leistungselektronik von $10\,kW$ ausreichend. Die Leistungselektronik ermöglicht, mit den entsprechend geringen Strömen, den Test an Endprodukten während des Batterieladens.

Die Durchführung der Tests zur DIN SPEC 70121, die mit der hier vorgestellten Methode erstellt worden sind, deckt einige Auffälligkeiten der Produkte auf. Zum Bespiel wird ein Ladesystem von diesen Tests zum Senden von AC-Response Nachrichten mit dem `ResponseCode` `OK` animiert. Zwar hat dies vermutlich keine Auswirkungen im realen Betrieb, da die Wahrscheinlichkeit ein Fahrzeug anzutreffen, das AC-Nachrichten im Fall der DIN SPEC 70121 sendet, als sehr gering eingeschätzt wird. Die unvollständige Unterstützung von EVSE-Notifications eines der untersuchten Fahrzeuge ist schwerwiegender. Ohne diese Unterstützung ist es für eine Ladestation nicht möglich, einen Ladevorgang gezielt und Norm-konform zu beenden. Der Ladestation bleibt somit nur die Möglichkeit der Notfallabschaltung.

Insgesamt konnten nur wenige Konformitätsverstöße, trotz des Testzeitpunkts kurz nach Einführung des Standards, gefunden werden. Dies lässt auf ein gute und intensive Testabdeckung bei den Herstellern schließen.

Die Implementierung des Testsystems beweist die Eignung des Vorgehens zur Erstellung eines Konformitätstests für zustandsbasierte Kommunikationsprotokolle wie die ISO 15118. Die systematische Analyse des Protokolls mit der Unterteilung in drei Abstraktionsebenen in Verbindung mit den Fehlerkategorien ermöglicht eine Bestimmung notwendiger Prüfungen und die Ableitung von Fehlerstimuli für die Robustheits- und Interoperabilitätstests. Die notwendige Auswahl an Fehlerstimuli erfolgt auf der Grundlage einer Risikobewertung. Die Implementierung der Algorithmen zur automatisierten Erweiterung eines Basismodells mit Negativtests ist erfolgt. Die Negativtests decken dabei die Aspekte bezüglich der Robustheit und der Interoperabilität ab. Die generierten Testsequenzen werden auf dem entwickelten Testsystem ausgeführt. Die erzielten Testergebnisse unterstreichen und verdeutlichen noch einmal die Eignung der Vorgehensweise zur Erstellung eines erweiterten Konformitätstests.

Wenn in Zukunft die Zahl der Elektrofahrzeuge mit der ISO 15118 Schnittstelle stetig zunimmt, kann mit dem vorgestellten Vorgehen der für die Zuverlässigkeit der Fahrzeuge und Ladestationen notwendige Nachweis der Konformität und Robustheit der Kommunikation erfolgen. Die Interoperabilität zwischen den Systemen kann hierüber aber nicht vollständig sichergestellt werden. Hierzu sind weitere Testansätze nötig. Da die Fahrzeuge durch die Kommunikation auch Teil des Stromnetzes und damit Teil der kritischen Infrastruktur werden, sind ebenfalls Konzepte zur Erhöhung der IT-Sicherheit nötig.

Für die Interoperabilität ist neben der Konformität der Kommunikation auch die Einhaltung der Vorschriften, der Anwendungsregeln und der Standards auf der elektrischen Seite notwendig. Neben der Einhaltung der Stromqualität sind hierbei auch die Prüfungen der Isolationswiderstände vorzusehen. Für den Nachweis der Interoperabilität der Kommunikation wird in [36] ein Konzept zur Nachbildung des Verhaltens eines Systems vorgestellt. Das Konzept analysiert das Verhalten des Systems aus Testaufzeichnungen oder sonstigen Mitschrieben der Kommunikation und wertet diese statistisch aus. Die so gewonnenen Daten werden in der Testdatenbank abgelegt. Diese Daten repräsentieren dabei die Charakteristik des untersuchten Systems. Bei einem Test von Gegenstellen wird zu einem späteren Zeitpunkt diese Charakteristik mit Einschränkungen nachgebildet und ein erster Anhaltspunkt bezüglich der Interoperabilität kann ermittelt werden. Die Software zur Analyse befindet sich aktuell in der Entwicklung. Im Anschluss an die Entwicklung werden erste Tests zusammen mit dem bestehenden System durchgeführt.

Für den Nachweis der IT-Sicherheit sind intensive Tests und Reviews der Implementierungen nötig. Prinzipiell lassen sich in das Testsystem auch tiefgehende Sicherheitstests wie Fuzz Tests[1] oder Penetration Tests integrieren [38, 14]. Wichtiger erscheint es aber zum jetzigen Zeitpunkt Basis-Sicherheitstests zu implementieren, bei denen die Funktion der beschriebenen Sicherheitsmechanismen

[1] Auch Fuzzing oder Fuzzy Testing. Testen mit unerwarteten, zufälligen Eingabedaten [14, 39].

der ISO 15118 geprüft werden. Zu diesen Sicherheitsmechanismen zählen zum Beispiel das Abweisen abgelaufener Zertifikate oder die Überprüfung der IDs.

Ein weiterer Punkt ist die Sicherstellung der Interoperabilität von im Markt befindlichen Systemen. Da sämtliche Ladestationen mittlerweile über Updatefunktionen verfügen, ist nicht sichergestellt, dass ein einmal zu Marktstart getestetes System im realen Einsatz kompatibel mit den Fahrzeugen bleibt. Der Aufbau eines mobilen Testsystems und die dadurch ermöglichte Durchführung regelmäßiger Prüfungen hilft inkompatible Systeme im Feld zu erkennen. Die Online-Veröffentlichung der Ergebnisse, in vereinfachter Form, unterstützt den Fahrer bei der Suche nach einer geeigneten Ladesäule für sein Elektrofahrzeug. Da auch Fahrzeuge immer häufiger Updatefunktionen erhalten, ist eine Überprüfung während des Lebenszyklus des Fahrzeuges ebenso angebracht. Diese Überprüfung könnte zum Beispiel im Rahmen einer Hauptuntersuchung erfolgen.

Neue Herausforderungen ergeben sich zusätzlich durch die Einführung der Unterstützung neuer Ladefunktionalitäten in der zweiten Generation der ISO 15118. In dieser Generation kommt die Unterstützung durch die Kommunikation beim Induktivladen, das Laden mittels Pantographen sowie die Rückspeisung von Energie in das Netz hinzu. Im Hinblick auf das Induktivladen wurde im März 2018 die Beschreibung der physikalischen Schicht für die kabellose Datenübertragung in der ISO 15118-8 [25] veröffentlicht. Die drahtlose Kommunikation in der ISO 15118 basiert dabei auf dem WLAN-N Standard (IEEE 802.11n).

Anknüpfungspunkte an diese Arbeit ergeben sich bei der Übertragung der hier vorgestellten neuen Methoden auf weitere automotive Kommunikationsfelder wie Car to Infrastructure[2] (C2X) und Car to Car (C2C). Diese neuen Kommunikationsbereiche bieten viele neue Herausforderungen, so dass die Sicherstellung der Zuverlässigkeit der Kommunikation in und zwischen Fahrzeugen und der Infrastruktur auch in Zukunft ein spannendes Themengebiet bleiben wird.

[2]zum Beispiel: Ampeln, Verkehrszeichen und Parkhäuser

Literaturverzeichnis

[1] BROST, M. : *Automatisierte Testfallerzeugung auf Grundlage einer zustandsbasierten Funktionsbeschreibung für Kraftfahrzeugsteuergeräte*, Universität Stuttgart, Dissertation, 2009

[2] BRUNING, S. ; WEISSLEDER, S. ; MALEK, M. : A Fault Taxonomy for Service-Oriented Architecture. In: *10th IEEE High Assurance Systems Engineering Symposium (HASE'07)*, S. 367–368

[3] CHAN, K. S. M. ; BISHOP, J. ; STEYN, J. ; BARESI, L. ; GUINEA, S. : A Fault Taxonomy for Web Service Composition. In: DI NITTO, E. (Hrsg.) ; RIPEANU, M. (Hrsg.): *Service-Oriented Computing - ICSOC 2007 Workshops*. Berlin, Heidelberg : Springer Berlin Heidelberg, 2009. – ISBN 978–3–540–93851–4, S. 363–375

[4] CHILENSKI, J. J.: An investigation of three forms of the modified condition decision coverage (mcdc) criterion / Office of Aviation Research Washington, D.C. 20591. 2001 (DOT/FAA/AR-01/18). – Forschungsbericht. – http://www.tc.faa.gov/its/worldpac/techrpt/ar01-18.pdf

[5] DIN EN 60812: Analysetechniken für die Funktionsfähigkeit von Systemen - Verfahren für die Fehlzustandsart- und -auswirkungsanalyse (FMEA) / DIN Deutsches Institut für Normung e. V. 10772 Berlin : Beuth Verlag GmbH, November 2006 (2006-11). – Standard. –

[6] DIN SPEC 70121:2014-12 : DIN-Normenausschuss Automobiltechnik (NAAutomobil) Electromobility — Digital communication between a d.c. EV charging station and an electric vehicle for control of d.c. charging in the Combined Charging System / DIN Deutsches Institut für Normung e. V. 10772 Berlin : Beuth Verlag GmbH, Dezember 2014 (2014-12). – Spezifikation. –

[7] ENTEROP PROJECT: *eNterop Project Homepage*. Online, Juni 2013. – `www.enterop.net/`; abgerufen am: 20.02.2018.

F. Brosi, *Methode zur Erzeugung eines erweiterten Konformitätstests für Kommunikationsprotokolle am Beispiel der ISO 15118*, Wissenschaftliche Reihe Fahrzeugtechnik Universität Stuttgart, https://doi.org/10.1007/978-3-658-27533-4

[8] ETSI: Advanced Testing Methods (ATM); Tutorial on protocol conformance testing (Especially OSI standards and profiles) (ETR/ATM-1002) / ETSI. F-06921 Sophia Antipolis CEDEX - FRANCE : ETSI, September 1991 (ETR 021). – Technical Report. –

[9] GB/T 27930-2015: Communication Protocols Between Off-board Conductive Charger and Battery Management System for Electric Vehicle / China Electricity Council. China : China Electricity Council, Dezember 2015 (). – Standard. – NATIONAL STANDARD OF THE PEOPLE'S REPUBLIC OF CHINA

[10] GRÖNING, S. ; ROSAS, C. ; WIETFELD, C. : COMPLeTe A COMmunication Protocol vaLidation Toolchain. In: *International SPIN Symposium on Model Checking of Software*. Stony Brook, NY, USA : Springer, Lecture Notes in Computer Science (LNCS), July 2013, S.

[11] GRÖNING, S. ; ROSAS, C. ; WIETFELD, C. : Validating Electric Vehicle to Grid Communication Systems based on Model checking assisted Test Case Generation. In: *2017 IEEE International Symposium on Systems Engineering (ISSE)*. Vienna, Austria : IEEE, oct 2017, S.

[12] GROSSMANN, D. ; HILD, H. : Smart Charging – ein Schlüssel zur erfolgreichen Elektromobilität. In: *Elektronik automotive Sonderausgabe Elektromobilität 2014, WEKA FACHMEDIEN GmbH* (2014). – http://www.elektroniknet.de/elektronik-automotive/elektromobilitaet/der-schluessel-zur-erfolgreichen-elektromobilitaet-113516.html

[13] GROSSMANN, J. : Interoperability of vehicles and charging infrastructure – a solvable challenge? / VECTOR E-MOBILITY ENGINEERING DAY 2018, STUTTGART. 2018 (). – Präsentation. –

[14] HEINEMANN, H. : Cyber-Angriffe abwehren – Mehr Schutz durch Fuzz-Testing. In: *HANSER automotive* 2018 (2018), Nr. 8, S. 36–39

[15] HOLZMANN, G. J.: The Model Checker SPIN. In: *IEEE TRANSACTIONS ON SOFTWARE ENGINEERING, VOL. 23, NO. 5, MAY 1997*, 1997, S. 279–295

[16] HOMEPLUG POWERLINE ALLIANCE, INC.: Home Plug Green PHY The Standard For In-Home Smart Grid Powerline Communications / HomePlug Powerline Alliance, Inc. Beaverton, Oregon, USA : HomePlug Powerline Alliance, Inc., June 2010 (). – Whitepaper. –

[17] IEC 61784-3: Industrial communication networks -Profiles - Part 3-3: Functional safety fieldbuses - Additional specifications for CPF 3 / International Electrotechnical Commission. Geneva, CH : IEC Int. Electrotechnical Commission, August 2010 (Edition: 2.0). – Standard. –

[18] IEC 61851-1: Electric vehicle conductive charging system: International standard / IEC Int. Electrotechnical Commission. Ed. 2.0, 2010-11. Geneva, CH : IEC Int. Electrotechnical Commission, November 2010 (Edition: 2.0). – Standard. –

[19] IEEE 802.3-2015: IEEE Standard for Ethernet / IEEE. 3 Park Avenue New York USA, NY 10016-5997 : IEEE, March 2016 (). – Standard. –

[20] ISO 14229: Road vehicles – Unified diagnostic services (UDS) – Part 1: Specification and requirements / International Organization for Standardization. 2013. Geneva, CH : ISO (). – Standard. –

[21] ISO 15118-2: Road vehicles — Vehicle-to-Grid Communication Interface — Part 2: Network and application protocol requirements / International Organization for Standardization. Geneva, CH : ISO, April 2014 (Edition: 1). – Standard. –

[22] ISO 15118-3: Road vehicles — Vehicle-to-Grid Communication Interface — Part 3: Physical layer and Data Link Layer requirements / International Organization for Standardization. Geneva, CH : ISO, 2016 (Edition: 1). – Standard. –

[23] ISO 15118-4: Road vehicles — Vehicle-to-Grid Communication Interface — Part 4: Network and application protocol conformance test / International Organization for Standardization. Geneva, CH : ISO, February 2018 (Edition: 1). – Standard. –

[24] ISO 15118-5: Road vehicles — Vehicle-to-Grid Communication Interface — Part 5: Physical layer and data link layer conformance test / International Organization for Standardization. Geneva, CH : ISO, February 2018 (Edition: 1). – Standard. –

[25] ISO 15118-8: Road vehicles — Vehicle-to-Grid Communication Interface — Part 8: Physical layer and data link layer requirements for wireless communication / International Organization for Standardization. Geneva, CH : ISO, March 2018 (Edition: 1). – Standard. –

[26] ISO 16845-2:2018: Road vehicles – Controller area network (CAN) conformance test plan – Part 2: High-speed medium access unit – Conformance

test plan / International Organization for Standardization. Geneva, CH : ISO, Jul. 2018 (Edition: 2). – Standard. –

[27] ISO 17458-3: Straßenfahrzeuge - FlexRay Kommunikationssystem - Teil 3: Konformitätsprüfungen der Verbindungsschicht / International Organization for Standardization. 2013. Geneva, CH : ISO (). – Standard. –

[28] ISO 17458-5: Straßenfahrzeuge - FlexRay Kommunikationssystem - Teil 5: Konformitätsprüfungen der elektrischen physikalischen Schicht / International Organization for Standardization. 2013. Geneva, CH : ISO (). – Standard. –

[29] ISO 17987-6: Straßenfahrzeuge - Local Interconnect Network (LIN) - Teil 6: Spezifikation der Protokoll Konformitätsprüfungen / International Organization for Standardization. 2016. Geneva, CH : ISO (). – Standard. –

[30] ISO 17987-7: Straßenfahrzeuge - Local Interconnect Network (LIN) - Teil 7: Spezifikation der Konformitätsprüfungen der elektrischen pyhsikalischen Schnittstelle (EPL) / International Organization for Standardization. 2016. Geneva, CH : ISO (). – Standard. –

[31] ISO ISO 16845-1:2016: Road vehicles – Controller area network (CAN) conformance test plan – Part 1: Data link layer and physical signalling) / International Organization for Standardization. Geneva, CH : ISO, Nov. 2016 (Edition: 1). – Standard. –

[32] ISO/IEC 7498-1:1994: Information technology - Open System Interconnection –Basic Reference Model: The Basic Model / International Electrotechnical Commission. Geneva, CH : IEC Int. Electrotechnical Commission, November 1994 (). – Standard. –

[33] ISO/IEC 9646-1:1994: Information technology – Open Systems Interconnection – Conformance testing methodology and framework – Part 1: General concepts / International Electrotechnical Commission. Geneva, CH : IEC Int. Electrotechnical Commission, Dezember 1994 (Edition: 2.0). – Standard. –

[34] ISTQB AISBL, GERMAN TESTING BOARD E.V.: *ISTQB® GTB Standardglossar der Testbegriffe*. Mai 2017. – `http://glossar.german-testing-board.info/`; abgerufen am: 02.09.2018.

[35] KIEFNER, D. : *Dynamisches und risikobasiertes Fahrwerksverbund-Testverfahren*, Universität Stuttgart, Dissertation, 2014

[36] KRAUSS, C. ; BROSI, F. ; GRÖNING, S. ; SHELEVA, T. ; STAUBERMANN, M. ; SEIPEL, C. : Datensicherheit und -integrität in der Elektromobilität beim eichrechtskonformen Laden und Abrechnen. In: *DIN Mitteilungen +elektronorm 06 Juni 2018* (2018)

[37] MARIANI, L. : A Fault Taxonomy for Component-Based Software. In: *Electronic Notes in Theoretical Computer Science* 82 (2003), Nr. 6, S. 55–65. http://dx.doi.org/10.1016/S1571-0661(04)81025-9. – DOI 10.1016/S1571–0661(04)81025–9. – ISSN 15710661

[38] METZKER, E. : Vector Cyber Security Solution / Vector Cyber Security Symposium, STUTTGART. 2016 (). – Präsentation. –

[39] MILLER, B. P. ; FREDRIKSEN, L. ; SO, B. : An Empirical Study of the Reliability of UNIX Utilities. In: *Communications of the ACM* 33 (1990), December, Nr. 12, S. 32–44. http://dx.doi.org/10.1145/96267.96279. – DOI 10.1145/96267.96279

[40] MÜLTIN, M. : *ISO 15118 Manual.* 1. Aufl. v2g Clarity, 2017. – https://www.v2g-clarity.com/en/iso15118-masterclass/ebook/

[41] MONKEWICH, O. : *Tutorial on Conformance and Interoperability Testing.* Präsentation bei ÏTU SG 17 Informal Tutorial on CITäm 08.12.2006, Dezember 2006. – Abrufbar über https://www.itu.int/dms_pub/itu-t/oth/06/02/T06020000030001PDFE.pdf; abgerufen am: 02.09.2018.

[42] OPEN CHARGE ALLIANCE: *OCPP Spezifikationen.* Online, 2014. – http://www.openchargealliance.org/downloads/; abgerufen am: 23.04.2018.

[43] PAEK, T. : Toward a Taxonomy of Communication Errors. In: *EHSD-2003*, ISCA Archive, S. 53-58. – https://www.isca-speech.org/archive_open/archive_papers/ehsd2003/ehsd_053.pdf; abgerufen am: 18.06.2018.

[44] PHOENIX CONTACT GMBH & CO. KG: Packungsbeilage EV-T2M4CC-DC200A-... Flachsmarktstraße 8, 32825 Blomberg, Germany : Phoenix Contact GmbH & Co. KG (). – Packungsbeilage. – Erhältlich unter https://www.phoenixcontact.com/online/portal/de/?uri=pxc-oc-itemdetail:pid=1628218&library=dede&pcck=P-29-03-01-01&tab=1&selectedCategory=ALL; abgerufen am 31.07.2018

[45] PORTECK, S. ; HANSEN, S. : *Fahrtenbuch reloaded: Mit dem Elektroauto von Hannover nach Österreich.* Online, Juni 2018. – https://www.heise.

de/ct/artikel/Fahrtenbuch-reloaded-Mit-dem-Elektroauto-von-Hannover-nach-Oesterreich-4076904.html; abgerufen am: 14.06.2018.

[46] POWERUP PROJECT: *Homepage*. Online, 2013. – EU Projekt im Rahmen des Seventh Framework Programme http://www.power-up.org/; abgerufen am: 20.02.2018.

[47] POWERUP PROJECT: *Test Suite*. Online, Juli 2013. – http://www.power-up.org/wp-content/uploads/2013/07/D6.1_TTCN_V2G.zip; abgerufen am: 20.02.2018.

[48] REUSS, H.-C. : *Skript zur Vorlesung: Datennetze im Kraftfahrzeug*. Stand WS 2017/2018. Institut für Verbrennungsmotoren und Kraftfahrwesen Lehrstuhl Kraftfahrzeugmechatronik, 2018

[49] RFC 2460: Internet Protocol, Version 6 (IPv6) Specification / IETF. IETF, December 1998 (). – Standard. – https://www.rfc-editor.org/rfc/rfc2460.txt

[50] RFC 4291: IP Version 6 Addressing Architecture / IETF. IETF, February 2006 (). – Standard. – https://www.rfc-editor.org/rfc/rfc4291.txt

[51] RFC 4862: IPv6 Stateless Address Autoconfiguration / IETF. IETF, September 2007 (). – Standard. – https://www.rfc-editor.org/rfc/rfc4862.txt

[52] RFC 5246: The Transport Layer Security (TLS) Protocol Version 1.2 / IETF. IETF, August 2008 (). – Standard. – https://www.rfc-editor.org/rfc/rfc5246.txt

[53] RFC 5289: TLS Elliptic Curve Cipher Suites with SHA-256/384 and AES Galois Counter Mode (GCM) / IETF. IETF, August 2008 (). – Standard. – https://www.rfc-editor.org/rfc/rfc5289.txt

[54] RFC 6066: Transport Layer Security (TLS) Extensions: Extension Definitions / IETF. IETF, January 2011 (). – Standard. – https://www.rfc-editor.org/rfc/rfc6066.txt

[55] RFC 768: User Datagram Protocol / IETF. IETF, August 1980 (). – Standard. – https://www.rfc-editor.org/rfc/rfc768.txt

[56] RFC 793: TRANSMISSION CONTROL PROTOCOL DARPA INTERNET PROGRAM PROTOCOL SPECIFICATION / IETF. IETF, September 1981 (). – Standard. – https://www.rfc-editor.org/rfc/rfc793.txt

[57] SAE J1772: SAE Electric Vehicle and Plug in Hybrid Electric Vehicle Conductive Charge Coupler / SAE. 2017-10-13. SAE, 2017 10 (). – Standard. –

[58] SCHLIEKER, M. ; LAWRENZ, W. ; OBERMÖLLER, N. : Testen modularer Systeme: Eine (Heraus-)Forderung komplexer Systeme. In: *Diagnose in mechatronischen Fahrzeugsystemen II: neue Verfahren für Test, Prüfung und Diagnose von E/E-Systemen im Kfz*, expert-Verlag, 2009. – ISBN 9783816929291, S. "152–166"

[59] SCHNABEL, P. : *Elektronik-Kompendium.de ISO/OSI-7-Schichtenmodell.* Online, 2018. – `http://www.elektronik-kompendium.de/sites/kom/0301201.htm`; abgerufen am: 27.02.2018.

[60] SCHWAIGER, M. : CHARGING COMMUNICATION FOR ELECTRIC AND HYBRID VEHICLES – STANDARDIZATION AND SERIES PRODUCTION VEHICLES / VECTOR E-MOBILITY ENGINEERING DAY, STUTTGART. 2014 (). – Präsentation. –

[61] SCHWAIGER, M. : WIRELESS COMMUNICATION IN ISO15118 / VECTOR E-MOBILITY ENGINEERING DAY 2016, STUTTGART. 2016 (). – Präsentation. –

[62] SOFTWARE-KOMPETENZ.DE: *Wissensdatenbank: Konformitätstests für Kommunikationsprotokolle.* Online, 2008. – `http://www.software-kompetenz.de/?8479`; abgerufen am: 11.04.2018.

[63] SOFTWARE-KOMPETENZ.DE: *Wissensdatenbank: Test von Systemen, die Kommunikationsprotokolle abwickeln.* Online, 2008. – `http://www.software-kompetenz.de/?8860`; abgerufen am: 11.04.2018.

[64] SOFTWARE-KOMPETENZ.DE: *Wissensdatenbank: Testen.* Online, 2008. – `http://www.software-kompetenz.de/?2415`; abgerufen am: 15.02.2018.

[65] SPILLNER, A. ; LINZ, T. : *Basiswissen Softwaretest.* Ringstraße 19 b, 69115 Heidelberg : dpunkt.verlag, 2005. – ISBN 3–89864–358–1

[66] SPIN: *SPIN Homepage.* Online, 2001. – `http://spinroot.com/spin/whatispin.html`; abgerufen am: 20.02.2018.

[67] SUTCLIFFE, A. ; RUGG, G. : A Taxonomy of Error Types for Failure Analysis and Risk Assessment. In: *International Journal of Human-Computer Interaction* 10 (1998), Nr. 4, S. 381–405. `http://dx.doi.org/10.1207/`

s15327590ijhc1004_5. – DOI 10.1207/s15327590ijhc1004_5. – ISSN 1044–7318

[68] TRETMANS, J. : An Overview of OSI Conformance Testing / University of Twente. 2001 (). – Forschungsbericht. –

[69] TTCN-3: *website ttcn.org*. Online, 2013. – http://www.ttcn-3.org/index.php/downloads/standards; abgerufen am: 26.02.2018.

[70] UNSER, J. : Regression test requirements for the charging communication of electric vehicles. In: FORSCHUNGSINSTITUT FÜR KRAFTFAHRWESEN UND FAHRZEUGMOTOREN STUTTGART – FKFS (Hrsg.): *16TH STUTTGART INTERNATIONAL SYMPOSIUM AUTOMOTIVE AND ENGINE TECHNOLOGY VOLUME 2*, 2016, S. 89–99

[71] VDE: VDE-AR-N 4105 Anwendungsregel:2011-08 Erzeugungsanlagen am Niederspannungsnetz / Verband der Elektrotechnik Elektronik Informationstechnik e.V. Bismarckstr. 33, 10625 Berlin : VDE VERLAG GMBH, 08 2011 (). – Anwendungsregel. –

[72] VECTOR INFORMATIK GMBH: *Vector Informatik GmbH Homepage*. Online, 2018. – https://vector.com/; abgerufen am: 13.08.2018.

[73] VIGENSCHOW, U. : *Objektorientiertes Testen und Testautomatisierung in der Praxis: Konzepte, Techniken und Verfahren*. 1. Aufl. Heidelberg : dpunkt, 2005. – 18–19 S. – ISBN 3–89864–305–0

[74] VOLKSWAGEN PRODUKTKOMMUNIKATION: *Der neue e-up!* Brieffach 1971, D-38436 Wolfsburg, 2013

[75] W3C: *Efficient Extensible Interchange Working Group*. Online, 2014. – https://www.w3.org/XML/EXI/; abgerufen am: 17.06.2018.

[76] W3C: *Efficient XML Interchange (EXI) Primer*. Online, 2014. – https://www.w3.org/TR/exi-primer/; abgerufen am: 17.06.2018.

[77] WALTER, H. : HomePlug Green PHY SLAC Protocol / VECTOR E-MOBILITY ENGINEERING DAY, STUTTGART. 2014 (). – Präsentation. –

[78] WOLF, G. ; LESZAK, M. ; BITKOM (Hrsg.): *Fehlerklassifikation für Software: Leitfaden*. Bitkom e.V. Albrechtstraße 10 10117 Berlin : Online, Dezember 2007. – https://www.bitkom.org/noindex/Publikationen/2008/Leitfaden/BITKOM-Leitfaden-Fehlerklassifikation-

fuer-Software/080118-Fehlerklassifikation-fuer-Software-haftung.pdf; abgerufen am 24.02.2017

[79] WWW.MODBUS.ORG: *Modbus ConformanceTestSpec v3.0.* Online, Dezember 2009. – http://www.modbus.org/docs/MBConformanceTestSpec_v3.0.pdf; abgerufen am: 17.07.2018.

[80] WWW.ORGHANDBUCH.DE ; BUNDESMINISTERIUM DES INNERN / BUNDESVERWALTUNGSAMT (Hrsg.): *Fehlermöglichkeits– und Einflussanalyse (FMEA).* Online, September 2012. – https://www.orghandbuch.de/OHB/DE/Organisationshandbuch/6_MethodenTechniken/63_Analysetechniken/633_FehlermoeglichkeitUndEinflussanalyse/fehlermoeglichkeitundeinflussanalyse-node.html; abgerufen am: 04.10.2018.

[81] ZVEI-TASK FORCE SPANNUNGSKLASSEN: *Spannungsklassenin der Elektromobilität.* Broschüre, Online, Dezember 2013. – https://www.zvei.org/presse-medien/publikationen/spannungsklassen-in-der-elektromobilitaet/; abgerufen am: 01.08.2018

A Anhang

A.1 Informationen zur ISO 15118 und DIN SPEC 70121

Die Abbildung A.1 verdeutlicht die Nachrichtenzykluszeiten und die Sequenzzykluszeiten mit den Performance und Timeout Definitionen. Dargestellt ist die verallgemeinerte Request Response Kommunikation zwischen den Ladekommunikationscontrollern von Fahrzeug und Ladeequipment. Dabei wird unterschieden zwischen dem Nachrichtenzyklus, zwischen Request und Response, und dem Sequenzzyklus, zwischen Response und dem nächsten Request. Die Performancezeit beschreibt dabei immer die Zeitdauer zwischen dem Empfang einer Nachricht und dem Versenden auf dem Steuergerät. Das Timeout ist immer zwischen dem Versenden und dem Empfang einer neuen Nachricht definiert. Der Unterschied zwischen Performance-Zeit und Timeout sind die erlaubten Signallaufzeiten zwischen den Steuergeräten, diese sind im Standard großzügig bemessen.

F. Brosi, *Methode zur Erzeugung eines erweiterten Konformitätstests für Kommunikationsprotokolle am Beispiel der ISO 15118*, Wissenschaftliche Reihe Fahrzeugtechnik Universität Stuttgart, https://doi.org/10.1007/978-3-658-27533-4

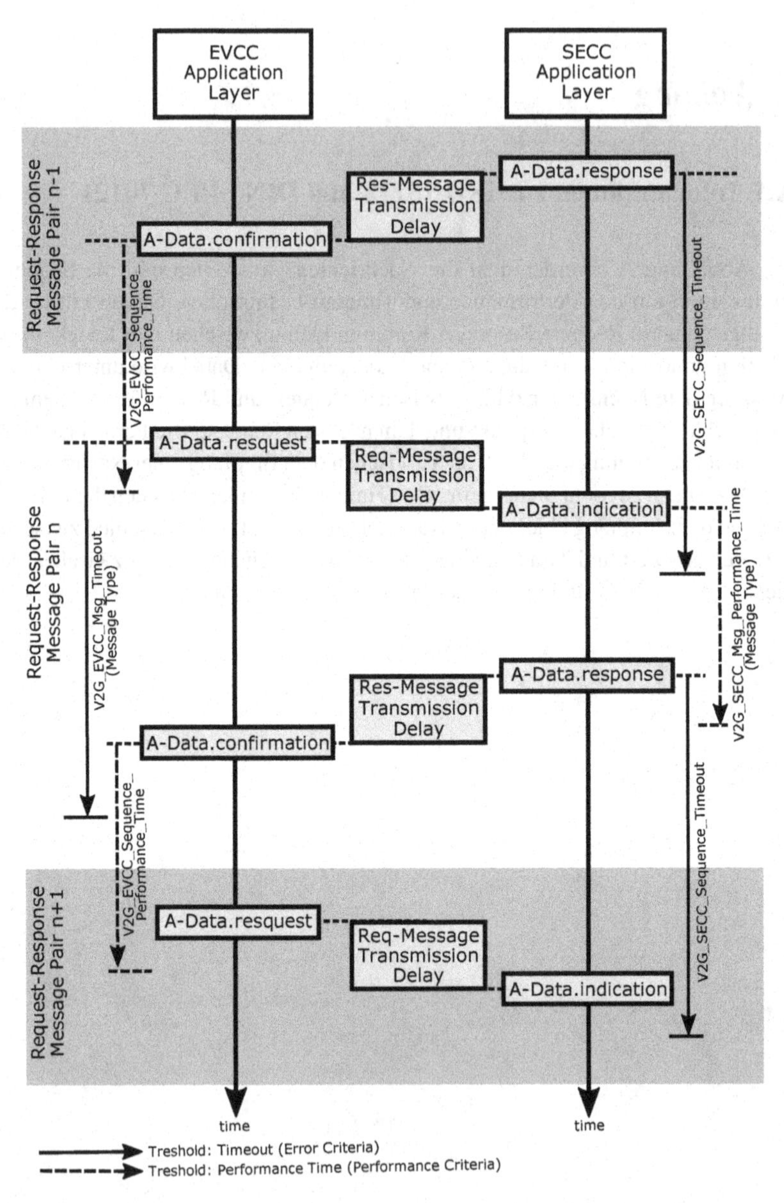

Abbildung A.1: Definition der Performancezeiten und und des Timeouts [21]

Die Tabelle A.2 listet alle Response-Codes der ISO 15118 auf und zeigt, in welchen Response-Nachrichten diese erlaubt sind. In Tabelle A.1 sind die Response-Codes der Nachricht `supportedAppProtocolRes` aufgelistet. Diese Nachricht ist in den standardübergreifenden Protokolldefinitionen, den `V2G application layer protocol handshake messages`, enthalten.

Tabelle A.1: V2G application layer protocol handshake messages Response-Codes

ResponseCode (Enumeration)	V2G application layer protocol handshake messages
	supportedAppProtocolRes
OK_SuccessfulNegotiation	x
OK_SuccessfulNegotiationWithMinorDeviation	x
Failed_NoNegotiation	x

Tabelle A.2: ISO 15118 Response-Codes

ResponseCode (Enumeration)	V2G application layer messages																
	SessionSetupRes	ServiceDiscoveryRes	ServiceDetailRes	PaymentServiceSelectionRes	PaymentDetailsRes	AuthorizationRes	ChargeParameterDiscoveryRes	PowerDeliveryRes	ChargingStatusRes	MeteringReceiptRes	CertificateUpdateRes	CertificateInstallationRes	CableCheckRes	PreChargingRes	CurrentDemandRes	WeldingDetectionRes	SessionStopRes
OK	x	x	x	x	x	x	x	x	x	x	x	x	x	x	x	x	x
OK_NewSession Established	x																
OK_OldSession Joined	x																
OK_Certificate ExpiresSoon				x													
FAILED	x	x	x	x	x	x	x	x	x	x	x	x	x	x	x	x	x
FAILED_SequenceError	x	x	x	x	x	x	x	x	x	x	x	x	x	x	x	x	x
FAILED_Service IDInvalid			x														

Tabelle A.2: ISO 15118 Response-Codes (Fortsetzung)

ResponseCode (Enumeration)	V2G application layer messages																
	SessionSetupRes	ServiceDiscoveryRes	ServiceDetailRes	PaymentServiceSelectionRes	PaymentDetailsRes	AuthorizationRes	ChargeParameterDiscoveryRes	PowerDeliveryRes	ChargingStatusRes	MeteringReceiptRes	CertificateUpdateRes	CertificateInstallationRes	CableCheckRes	PreChargingRes	CurrentDemandRes	WeldingDetectionRes	SessionStopRes
FAILED_Unknown Session	x	x	x	x	x	x	x	x	x	x	x	x	x	x	x	x	x
FAILED_Service SelectionInvalid				x													
FAILED_Payment SelectionInvalid				x													
FAILED_Certificate Expired					x						x	x					
FAILED_SignatureError	x	x	x	x	x	x	x	x	x	x	x	x	x	x	x	x	x
FAILED_No CertificateAvailable											x	x					
FAILED_CertChain Error											x						
FAILED_Challenge Invalid						x											
FAILED_Contract Canceled											x						
FAILED_Wrong ChargeParameter							x										
FAILED_Power DeliveryNotApplied								x									
FAILED_Tariff SelectionInvalid								x									
FAILED_Charging ProfileInvalid								x									

Tabelle A.2: ISO 15118 Response-Codes (Fortsetzung)

ResponseCode (Enumeration)	V2G application layer messages																
	SessionSetupRes	ServiceDiscoveryRes	ServiceDetailRes	PaymentServiceSelectionRes	PaymentDetailsRes	AuthorizationRes	ChargeParameterDiscoveryRes	PowerDeliveryRes	ChargingStatusRes	MeteringReceiptRes	CertificateUpdateRes	CertificateInstallationRes	CableCheckRes	PreChargingRes	CurrentDemandRes	WeldingDetectionRes	SessionStopRes
FAILED_Metering SignatureNotValid										x							
FAILED_NoCharge ServiceSelected				x													
FAILED_Wrong EnergyTransferMode							x										
FAILED_ContactorError								x									
FAILED_Certificate NotAllowedAtThisEVSE					x												
FAILED_Certificate Revoke						x					x	x					

Tabelle A.3: DIN SPEC 70121 Response Codes

ResponseCode (Enumeration)	V2G application layer messages																
	SessionSetupRes	ServiceDiscoveryRes	ServiceDetailRes	ServicePaymentSelectionRes	PaymentDetailsRes	ContractAuthenticationRes	ChargeParameterDiscoveryRes	PowerDeliveryRes	ChargingStatusRes	MeteringReceiptRes	CertificateUpdateRes	CertificateInstallationRes	CableCheckRes	PreChargingRes	CurrentDemandRes	WeldingDetectionRes	SessionStopRes
OK	x	x	x	x	x	x	x	x	x	x	x	x	x	x	x	x	x
OK_NewSession Established	x																
OK_OldSession Joined																	
OK_Certificate ExpiresSoon				x													
FAILED	x	x	x	x	x	x	x	x	x	x	x	x	x	x	x	x	x
FAILED_SequenceError	x	x	x	x	x	x	x	x	x	x	x	x	x	x	x	x	x
FAILED_Service IDInvalid			x														
FAILED_Unknown Session		x	x	x	x	x	x	x	x	x	x	x	x	x	x	x	x
FAILED_Service SelectionInvalid				x													
FAILED_Payment SelectionInvalid				x													
FAILED_Certificate Expired					x						x	x					
FAILED_SignatureError	x	x	x	x	x	x	x	x	x	x	x	x	x	x	x	x	x
FAILED_No CertificateAvailable												x					
FAILED_CertChain Error											x						
FAILED_Challenge Invalid						x											

Tabelle A.3: DIN SPEC 70121 Response Codes (Fortsetzung)

ResponseCode (Enumeration)	V2G application layer messages																
	SessionSetupRes	ServiceDiscoveryRes	ServiceDetailRes	ServicePaymentSelectionRes	PaymentDetailsRes	ContractAuthenticationRes	ChargeParameterDiscoveryRes	PowerDeliveryRes	ChargingStatusRes	MeteringReceiptRes	CertificateUpdateRes	CertificateInstallationRes	CableCheckRes	PreChargingRes	CurrentDemandRes	WeldingDetectionRes	SessionStopRes
FAILED_Contract Canceled											x						
FAILED_Wrong ChargeParameter							x										
FAILED_Power DeliveryNotApplied								x									
FAILED_Tariff SelectionInvalid								x									
FAILED_Charging ProfileInvalid								x									
FAILED_EVSEPresent VoltageToLow																	
FAILED_Metering SignatureNotValid										x							
FAILED_Wrong EnergyTransferMode							x										

A.2 Basismodell für Ladesäulentests

Die Abbildung A.2 stellt das Basismodell für die Ladesäulentests nach ISO 15118 Edition 1 dar.

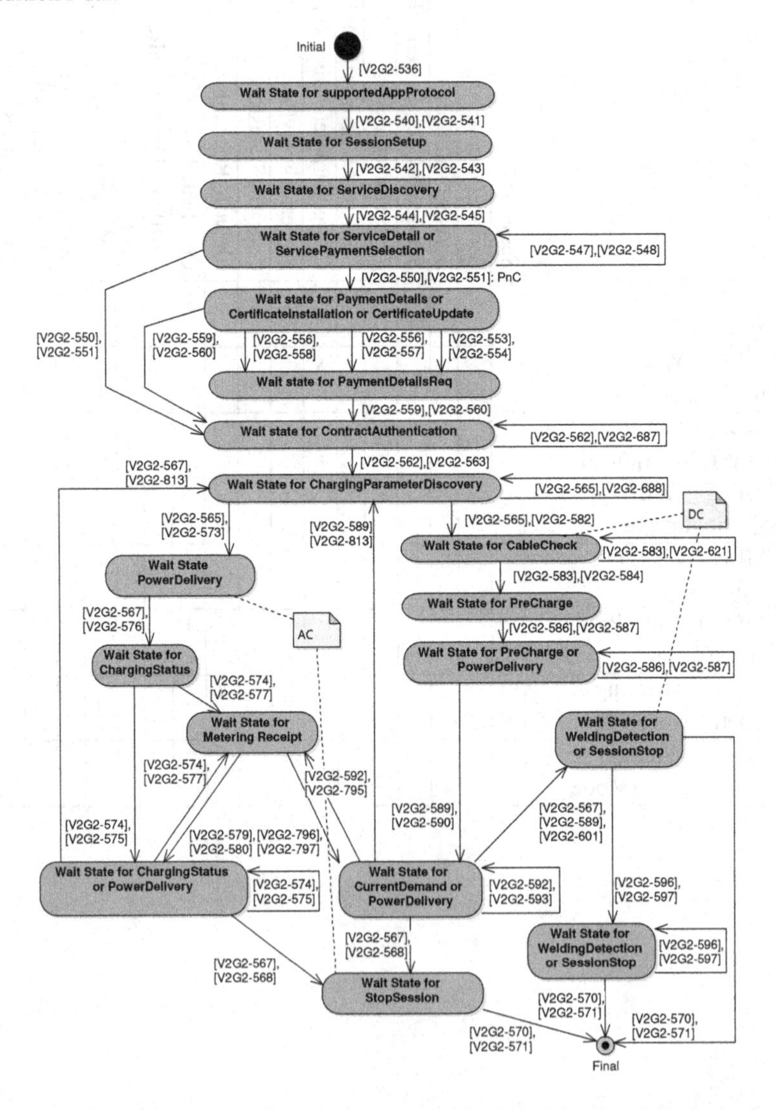

Abbildung A.2: Teilmodell für Ladepunkttest ohne die Fehlerstimuli und die Constraints

Printed in the United States
By Bookmasters